机械工业出版社
CHINA MACHINE PRESS

本书讲述了土小豆从出生到一岁的成长经历，由爸爸土大豆点点滴滴记录下来，口吻语气巧妙地还原了小宝宝的真实语境。

本书由每周周记、每周成长对比表、每周应注意的小细节、每周焦点关注、每周推荐小游戏、每周推荐食谱六个板块组成。

本书作者为育儿专家，一岁婴儿爸爸，作家，本书具备专业、权威、真实、亲切、实用、轻松、有趣、搞笑等特点。

图书在版编目（CIP）数据

爸爸妈妈我来啦——0～1岁宝宝健康成长周记/土豆家编著.
—北京：机械工业出版社，2013.4
ISBN 978-7-111-41638-8

Ⅰ.①爸… Ⅱ.①土… Ⅲ.①婴幼儿—哺育 Ⅳ.
①TS976.31

中国版本图书馆CIP数据核字（2013）第036919号

机械工业出版社（北京市百万庄大街22号 邮政编码100037）
策划编辑：陈道雨 责任编辑：章 钰
版式设计：李自立 封面设计：吕凤英
责任印制：张 楠
北京双青印刷厂印刷
2013年4月第1版·第1次印刷
169mm×239mm·11印张·180千字
标准书号：ISBN 978-7-111-41638-8
定价：29.80元

凡购本书，如有缺页、倒页、脱页，由本社发行部调换

电话服务
社服务中心：（010）88361066
销售一部：（010）68326294
销售二部：（010）88379649
读者购书热线：（010）88379203

网络服务
教材网：http：//www.cmpedu.com
机工官网：http：//www.cmpbook.com
机工官博：http：//weibo.com/cmp1952

前言 PREFACE

如今，儿童早期教育的重要性被越来越多的人所认识、接受，尤其是儿童在0～3岁所接受的智力开发、行为培养，将会决定他们未来的性格、习惯和智力水平。另外，儿童的早期教育也体现在一个“全”字上，即全方位的教育，要接受行为规范、潜能开发、兴趣引导、智力培养，当然更少不了父母所提供的温馨环境、悉心照顾。遗落了其中的一点，都将给儿童未来的发展埋下障碍。

同时，儿童的早期教育还体现在时机上，只有掌握正确的方法、运用正确的教育手段、辅以先进的理论指导，才能真正得以实现儿童早期的教育价值。

每一位父母都希望自己的宝宝赢在起跑线上，在宝宝的成长过程中，他们希望得到切实可行的、细微的指导，本书正是为此而编撰。编者将多年的工作经验与广大父母分享，书中根据儿童成长过程中每一个时期容易出现的问题、特点，及应展开的教育，进行了较为详细的阐述，每篇文章均围绕着儿童的动作发育、认知、语言、智力等展开，给出具体、可操作性极强的指导。

在此也提醒广大家长朋友，理论、方法都是他人的经验，在教育宝宝的过程中，每位家长还应根据自己宝宝的发育特点及具体情况因材施教，这样才会开卷受益，并将这种益处带给自己的宝宝。

由于水平有限，书中所阐述的问题难免有疏漏和不当之处，敬请家长朋友指正。

目 CONTENTS 录

土小豆第二十二周成长周记：用奶瓶喂奶也行

土小豆第二十三周成长周记：我喜欢照镜子

土小豆第二十四周成长周记：我还是喜欢妈妈的怀抱

土小豆第三十三周成长周记：我成了家居安全的保护对象

土小豆第三十四周成长周记：我不是小玩偶

土小豆第三十五周成长周记：不用对我的头发大惊小怪

土小豆第四十七周成长周记：我也想去 KTV 唱歌呢

土小豆第四十八周成长周记：快要过生日喽

（人物介绍：宝宝—土小豆，爸爸—土大豆，妈妈—洋大芋；虚构配角—钢炮哥、小菜鸟妹妹。）

土小豆第一周成长周记：地球，我来啦

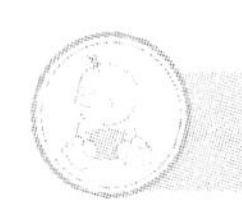

土小豆第一周周记

洋大芋，辛苦啦，10 个月来承蒙厚爱，在您的一室零厅里待了这么久，也没交房租，我实在不好意思再待下去了。出来的过程中，又给您添了不少麻烦，据说，您哭了，都二三十的人了，哭什么？是激动的还是疼的呢？

看土大豆的表情就知道，应该是疼的了。这里一并诚挚地向您道个歉，洋大芋，对不起。

由于我还不会说话，所以只能用“啊啊，嗯嗯”的哭声代替“对不起”三个字了。

离开了洋大芋的一室零厅，我来到了更大的房间，难道这就是你们常说的 Loft 结构？对我来说，这房子确实很大，大到一眼望去，看不见底。这样说，感觉像几百平方米的房子似的，其实不过十几平方米。

接连的几天，络绎不绝的看望者中，大家普遍反映说我很丑，什么满额头的皱纹，脸和眼睛都是肿着的，跟个水泡似的，丑死了。只有土大豆的话中肯，他说我很漂亮。

这句话，我听了很满足。虽然很假，但是，没办法，刚出生的婴儿都像我这样丑。不信的话，你去妇幼医院看看就行了，一个比一个丑，没有最丑，只有更丑。

当天，我就拉粑粑了，绿色的，然后当夜，不断地吃喝拉撒，可怜了土大豆，一夜没睡，又是喂我又是洗尿布的。我都不忍心，看不下去，不过也没办法，实在忍不住。

时间就这样一分一秒地过去，一天接着一天。

有一次，土大豆累得不行了，洗尿布的手洗得有些脱臼，拿着一个尿不湿站在我旁边，跃跃欲试，被巡护的护士看到，一脸严肃地批评道：孩子太小，最好不要用尿不湿！

土大豆红着脸点头哈腰：是是是，不用不用不用。

土大豆滑稽的样子，惹得洋大芋都笑了。

这一周，在土大豆、洋大芋的精心呵护下，我茁壮地成长。不像有的小孩，由于父母功课做得不到位，喂养得不标准，宝宝的免疫力也就差啦。

医生说，喂奶粉的话，两顿奶中间一次水，母乳的话，喂水就不要这么频繁。并且建议最好喂母乳，尤其是初乳，不仅对宝宝有利，对妈妈身体的恢复也很有益。

医生的建议很有道理，不管你信不信，反正我信了。

护士说，喂母乳前，妈妈要好好清洗乳头。

护士姐姐的话很有道理，洋大芋喂我前好好清洗了，所以我没拉肚子。隔壁的钢炮小哥哥就悲剧了，据说他妈几天没洗澡了，然后直接喂奶给钢炮喝，结果，钢炮拉肚子了，肚子疼得哇哇乱叫。

护士姐姐还说，每天都要给小宝宝的那个地方做清洗，尤其是拉完臭臭后。这一点土大豆、洋大芋都做到了，所以我的身体很健康卫生。

住在隔壁的菜鸟小妹妹，比我晚出生 5 个小时，她就没我这么好命了，这都三四天了，还没给清洗过一次，每次拉完粑粑，他家人给她用卫生纸擦擦就完事。这怎么行呢，肯定不舒服，黏糊糊的，那么娇嫩的皮肤，擦坏了怎么办?

想起这些，我就生气。同样是婴儿，同一天出生，命运的差距咋就这

么大呢！

想着想着就又睡着了。

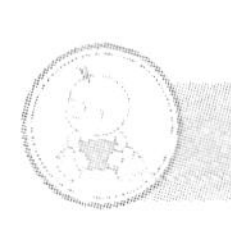

本周宝宝成长对比表

新生婴儿体重、身高参考值： 男婴体重 2.5～4.4kg，身长 46.1～53.7cm 女婴体重 2.4～4.2kg，身长 45.4～52.9cm	感官发展情况： 1. 遇到强光会眨眼 2. 两只小手经常是握拳状 3. 会将头从一侧转向另一侧
生理发展情况： 1. 受到惊吓时，会拱腿和背并伸出手臂 2. 反复睡和醒	心智发展情况： 能够发出“啊啊、嗯嗯”的细微声音
社会发展情况： 似乎会对柔和的人声有响应	

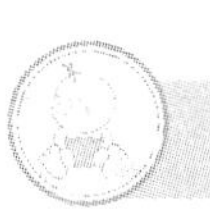

本周应注意的小细节

1. 抱起宝宝时，一定要用手支撑他的头部。

2. 宝宝吃完奶，要给宝宝拍嗝，也就是把宝宝吃奶时吃进去的空气拍出来，这样宝宝就不容易吐奶了。

宝宝健康早知道

新生儿呼吸频率比大人要快，每分钟呼吸 40 次左右。出生后头两周呼吸频率波动比较大，属于新生儿正常生理现象。但是，如果新生宝宝呼吸次数超过 80 次，或者少于 20 次，爸爸妈妈就要注意了，需要及时看医生查找原因。

本周焦点关注：新生儿黄疸

新生儿黄疸，分为生理性黄疸和病理性黄疸两种。

60％的宝宝在出生 72 小时后，会出现生理性黄疸。这是由于新生儿血液中胆红素释放过多，而肝脏功能由于尚未发育成熟，无法将全部胆红素排出体外，胆红素聚集在血液中，引起皮肤变黄。这种现象先出现于脸部和眼白，进而扩散到身体的其他部位。

生理性黄疸属于正常现象，一般在出生后 7 到 10 天即可自行消失。此期间，爸爸妈妈可以给宝宝多晒太阳、喂些葡萄糖水来帮助黄疸的消退。

当黄疸过高或者持续不退时，就需要医生来判断宝宝是否是病理性黄疸了。

黄疸过高可能对宝宝的智力产生影响，因此家长要注意观察。

本周推荐小游戏

本周可以选择一些色彩鲜艳、有声响的吊挂玩具，如：彩色气球、彩条旗、毛绒玩具、拨浪鼓等等，放在距离宝宝眼睛 20～25 厘米处让他注视。另外，还要多和宝宝说话，宝宝会很喜欢听到家长的声音噢。

本周推荐食谱

新妈妈食谱——牛奶炖蛋

牛奶炖蛋细腻香滑，入口即化，对身体虚弱、肠胃蠕动不好的新妈妈来说，是个佳肴。

材料：鸡蛋 2 个，牛奶 250g，绵白糖 15g，木瓜颗粒 20g。

做法：

1. 鸡蛋磕入碗中，加入适量绵白糖，静置 3 分钟，使其充分融合。

2. 用细筛网过滤蛋液，去掉杂质。

3. 加入牛奶搅拌均匀，去掉表面的小水泡，用保鲜膜封好。

4. 蒸锅倒入适量水，大火烧开，将盛有蛋液的碗放入蒸锅，大火蒸 3 分钟，转中小火蒸 10 分钟。

5. 关火后，蒸锅中焖 5 分钟，取出后撒入少许木瓜颗粒，即可食用。

营养指导：鸡蛋营养丰富，有助于新妈妈恢复体力，减少产后抑郁的发生。

土小豆第二周成长周记：我喜欢洗澡的感觉，舒服

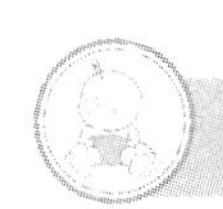

土小豆第二周周记

呜呜，嘘嘘啦，被洋大芋折腾了半天，换了新的纯棉尿布，真爽！这下可以好好睡一觉啦。可是刚睡一会儿，小区旁边马路上的渣土车拉笛，把俺吵醒啦，呜呜，呜呜。

等土大豆跑过来捂住俺的小耳朵时，渣土车早跑远了。

喝了点水，又睡下了。洋大芋轻轻地把俺放下，正要离开，我实在忍不住，直接在尿布上上了个大号，好害羞啊，呜呜，呜呜。

怎么又哭了，是不是拉粑粑了啊？果然！土大豆的声音传来。

看来我又要被折腾半天了。

换下布布，用温水洗过小屁屁后，终于可以好好休息了。

可是，我刚睡着，土大豆同学居然在丝毫不跟大家商量的情况下，直接一个喷嚏出来，我很负责任地证明我听力绝对没问题，而且相当敏锐，我再次被吓哭，呜呜。

在洋大芋的安排下，土大豆打开了一个据说叫音响的东西，里面缓缓地流淌出了轻音乐，这次我终于睡沉了。

土大豆洋大芋经常给我洗澡，我喜欢清水流淌在身上的感觉，这让我感觉很舒服。这时，我会忍不住害羞地笑，笑不露齿那种，其实，想露也露不了，因为没牙齿可露。

白天，总会有叔叔阿姨来看我，我也很欢迎他们抱我，当然我是指在我醒着的时候。他们会先洗手，所以我乐意接受他们的拥抱。而不是像钢炮哥哥那样，有人看他，一抱他他就哭个没完。我说，你哭什么呢，别人抱一下你，能少块肉啊，不就是抱你之前那阿姨没洗手嘛。

我是后来才知道，钢炮哥为什么哭，原来那阿姨来之前，在家用手洗了辣椒，手上很辣，然后没洗手直接抱钢炮。钢炮有苦难言，唯有哭。

还有，有些叔叔阿姨爱用手机相机之类的对着人拍照，我长得这么可爱，当然也被大家争先恐后地拍。钢炮哥虽然丑了点，也是被狂拍。

不同的是，给我拍照时，没人开闪光灯。给钢炮哥拍时，大家都说开闪光灯，画面更清晰。

你相片是清晰了，可你考虑过后果吗？这么小的钢炮，眼睛和视力都还在发育初期，就受到强光刺激，长大后钢炮哥的视力可能会不清晰。

哎，为什么受伤的总是钢炮哥?!

不多想了，我睡了。

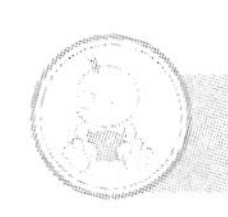

本周宝宝成长对比表

生理发展: 1. 这一周，宝宝可能会有微笑表情 2. 宝宝双手经常呈握拳或稍微张开状	心智发展: 1. 会哭着寻找帮助 2. 被抱或看到人脸时会安静
感官与反射: 1. 会注视 20～45 厘米远的物品 2. 会寻找奶嘴	社会发展: 1. 对声音会有反应 2. 能够初步注视人的面孔

本周应注意的小细节

宝宝对大的声响很敏感，尽量避免惊吓到宝宝。

宝宝健康早知道

由于新生儿体温调节中枢功能还未完全发育，且脂肪薄，所以要注意给新生儿保温。怎样判断新生儿的冷热呢?

1. 触摸婴儿颌下颈部，感觉较暖，就说明给孩子穿戴和覆盖已够。

2. 婴儿心脏收缩的力量相对成人较弱，正常情况下血液到达手指和脚趾相对较少，就会出现四肢末端稍凉的现象。如果平日四肢末端总是暖热，反而说明给孩子穿戴或覆盖过度了。

本周焦点关注：婴儿洗澡

小婴儿易出汗、吐奶、大小便次数多，所以家长要勤给宝宝洗澡。新生婴儿可以每天用清水快速洗个澡。洗澡时，室温应在26～28℃，水温在38～40℃，时间应安排在两顿奶之间。要注意的是，洗澡时间不宜太长，以免着凉。

洗脸部时，要注意保护好宝宝的眼睛和耳朵，最好用清水冲洗即可，尽量少用婴儿浴液，以减少对婴儿娇嫩皮肤的刺激，引发和加重婴儿湿疹等皮肤问题。

擦干后，给宝宝做个全身抚触，对宝宝的生长发育十分有益。

本周推荐小游戏

本周可以玩“小手抓取反射”的游戏，具体做法是用大人的手指轻轻触碰宝宝的手掌，这时，你会发现宝宝会条件反射地抓住你的手指头。这个小游戏可以增强宝宝的抓握能力。

本周推荐食谱

新妈妈食谱：清炒西兰花

坐月子期间需补充富含维生素的食物，蔬菜是首选，清脆可口、营养丰富的西兰花是个不错的选择。

材料：西兰花300g，白芝麻10g，盐8g，鸡精2g，油15ml。

做法：

1. 西兰花切成小朵，用清水冲洗干净；将白芝麻放入平底锅，小火焙香。

2. 煮锅中放入适量水和5g盐，大火烧开，放入西兰花汆烫1分钟

后，盛出，用凉水过凉，沥净水分待用。

3. 大火烧热锅中的油至七成热，将汆烫好的西兰花放入锅中，翻炒均匀后，加鸡精和盐各3g，出锅前撒入炝好的白芝麻。

营养指导： 西兰花中富含蛋白质、碳水化合物、脂肪、矿物质、维生素C和胡萝卜等，尤其是叶酸的含量较高，哺乳后，对小宝宝的脑部成长极为有利。

土小豆第三周成长周记：我喜欢大人和我说话

土小豆第三周周记

不知从什么时候开始，洋大芋开始给我念顺口溜，出口成章、信手拈来而且都很押韵，于是我的小耳朵每天都充斥着她略带欢快的声音——

“小宝宝，睡歪歪，你是妈妈的小乖乖！”

“小宝宝，大眼睛，像个葡萄亮晶晶！”

刚开始的时候，土大豆对此意见很大，用他的话说就是家里一整天都像个充满了电的小喇叭，可是每次他的抗议都被洋大芋强大的小宇宙给残酷镇压了。每当这时我都冷眼旁观，其实土大豆不知道，虽然洋大芋的声音不见得有多好听，但是这是在跟我交流，所以每次她抱着我开始念叨的时候，我都很配合地注视着她——当然这是个良性循环，我越专注她越欢乐，她越欢乐我越专注，有时候她会开心地提高分贝，而我也会愉悦地抖抖手蹬蹬腿什么的，时间一长，土大豆发现我们玩得很是“嗨皮”，再也不抗议了，厚着脸皮未经批准便直接加入了小喇叭的行列。于是，只要土大豆和洋大芋在家，而我恰好也没睡着，就会听到他们俩此起彼伏的顺口溜，不过需要补充说明的是，土大豆的语言能力真是很一般，虽然我已经对他很是包容了。

小菜鸟妹妹就没有这么欢乐了，她家的人都不怎么爱说话，所以小菜鸟妹妹除了吃和睡之外，最喜欢的事情就是发呆。哎，其实虽然我们都不会说话，可是我们还是希望有人和我们说话，陪我们动动手动动脚，有一个开朗的生活环境。这样才能让我们快乐活泼。长时间缺乏交流和互动，会让我们形成沉默木讷的性格，长大之后也不善于与人沟通，负面影响可是很大的哦。还有，小菜鸟妹妹的奶奶每次抱着孙女，总是乐呵呵地让小菜鸟妹妹看这边看那边，其实才三周的我们，眼睛能看见的距离是很近的，虽然很多时候我们都在严肃地作高瞻远瞩状。

哎，多想怜香惜玉一回，没事就跟小菜鸟妹妹说说话，可是没办法，我现在是满腹的话说不出来，小菜鸟妹妹，等我们长大了，我每天都念顺口溜给你听好吗?

听，土大豆又开始念叨了，为了稳妥起见，我还是赶紧睡了吧，免得他一直说个不停。

“小青蛙，呱呱呱，吓倒了面前的小娃娃!”

听吧，又开始了。

本周宝宝成长对比表

生理发展： 1. 会伸出手臂、双腿来玩 2. 俯卧时会短暂抬起头	心智发展： 1. 醒着时会有茫然、平静的表情 2. 爱看图案
感官与反射： 能够和人短暂对视	社会发展： 对他温和说话或将他抱直贴着肩膀时，会做眼睛的接触

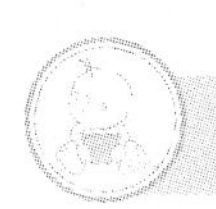

本周应注意的小细节

1. 20％左右的宝宝在出生 2～4 周时会出现肠绞痛症状，发作时宝宝会啼哭。这种腹痛是功能性的，慢慢会好。宝宝哭时，抱起宝宝安抚他。

2. 宝宝还小，应尽量避免带到室外。

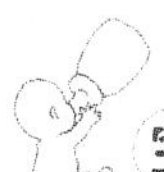

宝宝健康早知道

这个阶段的新生儿可能会出现脱皮现象，这是正常的生理现象。新生儿皮肤的最外层表皮，不断新陈代谢，旧的上皮细胞脱落，新的上皮细胞生成。爸爸妈妈不要惊慌噢。

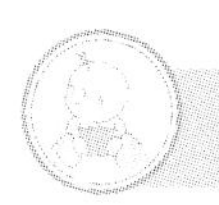

本周焦点关注：婴儿吐奶

宝宝吃完奶，会从嘴角溢出一部分，有时甚至会全部喷出。

这些现象的发生，主要原因是小宝宝的胃呈水平状、容量小、入口的贲门括约肌弹性差，易导致胃内食物反流。尤其是吃奶较快的宝宝，会在吃奶的同时咽下大量空气，等宝宝平躺时，这些气体会从胃中将奶水一起顶出来。

因此，宝宝吃完奶，大人应竖抱宝宝，让宝宝趴在自己的肩头，同时轻轻用手拍打宝宝后背，直到宝宝打嗝为止。这样，宝宝胃里的气体就被排出来，可以有效地减少吐奶现象的发生。

需要注意的是，宝宝吐出的奶要立即擦净，更要防止流到耳朵里引起发炎。

一般情况下 1 到 2 个月是宝宝吐奶的严重期，3 个月后逐渐减轻，5 个月后基本不会再有吐奶现象了。

本周推荐小游戏

本周和宝宝可以玩"脚踏车"的游戏。当宝宝平躺时，大人双手握住宝宝的双脚，然后循环交替地轻轻移动宝宝的双腿，就好像蹬脚踏车一样。这个游戏能够增进宝宝的肌肉发展，每次做一两分钟为益。

本周推荐食谱

新妈妈食谱：花生猪手汤

材料：猪蹄、花生、盐、味精、料酒、姜片、葱段，各少许。

做法：

1. 将猪蹄放入锅内，加水烧开，撇去浮沫。
2. 放入葱段、姜片、料酒，用慢火连续煮2～3小时。
3. 汤汁呈乳白色，加盐、味精，搅匀即成。

营养指导：此汤含有丰富的优质蛋白质、脂肪、钙、磷、铁、锌等矿物质和多种维生素，是产妇下奶、身体复原的佳品。

土小豆第四周成长周记：我要做按摩

土小豆第四周周记

从昨天下午开始，我没有上"大号"，哎，我不会说话，憋得难受就只能哇哇大哭。听到我哭闹不止，洋大芋和土大豆更是急得团团转，这会

儿已经是下午三点多了，洋大芋已经第N次打电话四处求助了，而土大豆也是眉头紧锁，在一个叫电脑的东西前面查资料。更多的时候，两个人茫然无措地像钟摆一样抱着我走来走去。

时间长了，我被折腾得心烦意乱，只好继续号啕大哭以发泄我的不满。

后来爷爷奶奶赶了过来，奶奶一进门就抱着正在放声大哭的我心疼得不行，赶紧让土大豆给我准备了温水，一边喂我喝水一边用手围着我的肚脐顺时针按摩，被洋大芋和土大豆折磨了大半天的我也有些累了，奶奶温暖的手按得我稍微舒服了一些，我渐渐睡熟了。

睡着睡着，我被自己拉便便的声音给吵醒了，当我极不情愿地睁开眼睛，发现爷爷奶奶以及洋大芋和土大豆正无限欢喜地围成了一个小圆圈，还捧着我的尿布在看，无比滑稽的样子。难道我的大便也这样珍贵么？最夸张的是随后就听到洋大芋挨着打电话四处宣扬我终于拉便便的事。其实我不拉便便就是因为洋大芋最近忍不住嘴去吃了几次辣椒，而我是纯母乳宝宝，干燥辛辣的物质通过乳汁就传递给了我，于是我就有苦说不出有便也拉不出，当然不舒服啦！要是洋大芋和土大豆早点像奶奶一样给我喂点水，轻轻给我按摩一下，而不是抱着憋得睡不成觉、本来已经非常不舒服的我走来走去的话，我也就没那么不舒服，也许早就拉出便便来了，说到底是吃了没有经验的亏。

算了，我也不计较了，我准备美美地给自己补一觉。

洋大芋就可怜了，高兴过后，她和土大豆展开了严肃的批评与自我批评，最后一致认定洋大芋不注意饮食、对自己要求不够严格，所以要对此次便秘事件负主要责任，土大豆监管不力负次要责任，这个星期的尿布，可都归洋大芋洗了，而洗碗的重担就落在土大豆身上。

在洗了一次碗之后，土大豆提出严正抗议，他认为处罚不公——对他而言，洗碗可比洗尿布累多了！

哎，他们可都不容易啊。

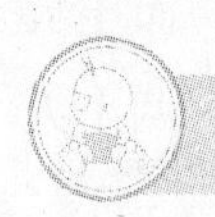

本周宝宝成长对比表

生理发展： 1. 俯卧时可以将下巴抬起一会 2. 趴着时能抬起头来	心智发展： 记得一分钟内重复出现的东西
感官与反射： 手指被扳开时会抓取东西片刻	社会发展： 会紧抓抱着自己的人

本周应注意的小细节

1. 为宝宝勤剪指甲，防止宝宝抓伤自己。

2. 注意宝宝床头附近玩具的布置，勤更换位置，以免引起宝宝的斜视。

本周焦点关注：婴儿抚触

从新生儿期开始，就可以给小宝宝进行抚触，抚触的时间应选择在两次喂奶之间。抚触可以促进宝宝血液循环与免疫系统的发育；宝宝的肌肉也能得到锻炼。

本周推荐小游戏

本周推荐玩“找玩具”的游戏，宝宝平躺时，大人可以在距离宝宝头部30厘米左右处轻轻摇响玩具，当宝宝的眼睛找到玩具时，将玩具缓缓移到另一边，带动宝宝的眼神。此游戏可有效地锻炼宝宝视觉追踪的能力。

本周推荐食谱

新妈妈食谱：奶油鲫鱼

材料： 鲫鱼1条（500g），熟火腿2片，豆苗15g，白汤500g，笋片25g，食盐2g，葱结1只，姜片2片，味精15g，黄酒15g，猪油50g。

做法：

1. 将鱼去鳃剖去内脏，洗净，用刀在鱼背上每1cm宽划出人字形刀纹。

2. 把鱼放入沸水锅中烫一下捞出，将皮、头上血水、黏液烫掉，以去腥。

3. 炒锅置旺火上烧热，用油滑锅加入清猪油25g，烧至七分热，放入葱姜爆出香味。推入鲫鱼略煎，翻身，洒入黄酒略焖，随即放入白汤500g，冷水150g（放冷水的目的是解腥），猪油25g，盖牢锅盖煮3分钟左右，使汤白浓。调至中火焖3分钟，焖出鱼眼凸出，白木色，放入笋片、食盐、味精、调回旺火又滚至汤呈乳白色，加入豆苗略滚，拣掉葱姜，起锅装碗。笋片、火腿齐放在鱼上面，豆苗放两边。

营养指导： 养血益气、强筋壮骨、清热明目，因含大量钙、磷，对于骨质的发育有较好的作用，并能预防和治疗婴儿佝偻病、软骨症等，让您的母乳具备更多的营养价值。

土小豆第五周成长周记：我不喜欢爸爸妈妈吵架

土小豆第五周周记

因为我满月了，洋大芋这两天非常兴奋，每天一有时间就趴在书桌上盯着电脑看在网上买的衣服，三番五次之后，土大豆不乐意了，终于在今天晚上爆发了。当时土大豆正搭着梯子换灯泡，而洋大芋正端坐在电脑桌面前上网，土大豆忙得满头是汗，忍不住嘀咕起来："你倒是来帮帮忙啊！就知道上网！"洋大芋白了土大豆一眼："我生土小豆的时候也没让你来帮忙啊！自己动手丰衣足食的道理都不懂吗？"土大豆一听就来气了，噔噔噔地从梯子上走了下来："有你这么说话的吗？生土小豆的时候是你一个人在产房里，我在产房外也不轻松啊，我也有一直给你加油啊！"洋大芋立马就站了起来："凶什么凶，你不加油我还不是一样会把土小豆生下来！你要是有本事生个宝宝出来，我就乖乖伺候你们爷俩绝对不会有一句埋怨一句牢骚！""你这个人太不讲道理了！"两个人你一言我一语地吵开了。

真是躺着也中枪，哎，怎么成年人有时候更像小孩子啊！两个人越吵越来劲，为了转移他们的注意力，躺在沙发上假寐的我只好冒点声音出来，结果居然直接被吵在兴头上的两个人给忽略了，呜呜呜呜，太伤自尊了，他们难道不知道我的健康快乐成长需要温暖和谐的家庭环境，而"粑粑"和"麻麻"都是我最亲密的人，既然对我有这么大的影响，就算日常生活中难免有磕磕碰碰，为什么就不能注意一下处理矛盾的方式方法呢？越想越生气，我索性扯开嗓子哭了起来。

我一哭，他们俩立刻停止了争吵，洋大芋第一时间跑过来抱着我一把鼻涕一把泪，土大豆看见老婆孩子都哭成了一团，居然发起了愣。我一边哭一边眯着眼睛看他们俩的表情，嘿嘿，他们是真的被我吓到了。

过了好一会，土大豆这个闷葫芦终于走了过来，用低得不能再低的声音给洋大芋道歉："老婆大人，我错了，我不该跟你吵架！"话还没说完，洋大芋哭得更来劲了，眼泪把我的衣服都给打湿了，我也只好陪着哭——妈呀，掉眼泪也是技术活。这一哭吓得土大豆都快跪下来了，一个劲地求饶。我一边哭一边听，哭着哭着、听着听着就睡了过去。

等我醒来，红肿着眼睛的洋大芋和赔着笑脸的土大豆已经和好如初，可是我还没有消气，所以土大豆喂我喝水的时候，我采取了非暴力不合作的手段，坚决不好好喝，哼，我要他们俩知道，"粑粑麻麻"就要和和美美的，这样我才能开心地长大！

于是乎，吵架事件到了最后，就变成了土大豆和洋大芋一个劲地给我赔礼道歉，哈哈，早知今日，何必当初呢？

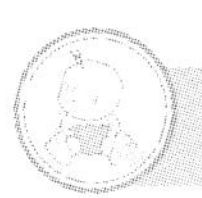

本周宝宝成长对比表

一个月婴儿体重、身高参考值： 男婴体重 3.4～5.8kg，身长 50.8～58.6cm 女婴体重 3.2～5.5kg，身长 49.8～57.6cm	感官发展情况： 妈妈的声音更容易安抚宝宝
生理发展情况： 动作开始变得更加有自发性	心智发展情况： 会发出各种声音来表达需要和感情
社会发展情况： 开始认得妈妈的脸和声音	

本周应注意的小细节

1. 竖抱宝宝时，应注意两手分别撑住宝宝的后脑勺、颈部、腰部、臀部，以免伤及孩子的脊椎。每天竖抱的时间不宜过长。

2. 此时可以带宝宝出门走走，要选好天气，开始时每天几分钟，逐步增加至一到两个小时！

本周焦点关注：带到室外

室外空气新鲜，有利于宝宝的新陈代谢。紫外线，有利于宝宝体内维生素D的合成，从而增强钙的吸收。在室外还可以使宝宝皮肤和呼吸道粘膜受到冷空气的刺激，从而增强宝宝对外界环境的适应能力和对疾病的抵抗力。

本周推荐小游戏

本周可以让宝宝玩滚球游戏，准备一个颜色鲜艳的小皮球，放在宝宝的身旁，慢慢地滚球，这时，宝宝会看着球的滚动，甚至会试图去抓住球。

本周推荐食谱

新妈妈食谱：当归羊肉羹

材料：当归15g，羊肉100g，生姜3片，面粉150g，食盐、葱少许。

做法：

1. 羊肉用开水洗净，去膻味，切片；生姜、葱洗净，将羊肉片、姜、葱，同放入锅内，加水适量，放入盐拌匀，煲2～3小时。

2. 汤中捞出当归、生姜，留羊肉片，继续烧沸，加水和面粉搅拌，面粉糊煮熟即成。

营养指导：当归是女性首选的保健药物，能补血活血，促进循环，滋补女性生殖系统，更是新妈妈坐月子的常用药品。另外，对于产后妈妈的美容养颜也很有帮助。

土小豆第六周成长周记：第一次出门

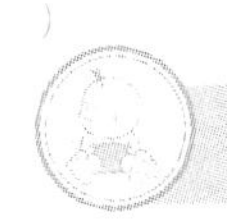

土小豆第六周周记

今天的洋大芋，大清早就起来翻箱倒柜，据土大豆陈述，洋大芋同志虽然胖了一大圈，但是风采不减当年，不就是M号变成了L号么？

在镜子前转了N大圈之后，洋大芋给自己选了一件连衣裙，虽然她很兴奋，但是我看得出土大豆帮她拉拉链的时候还是非常辛苦的。

终于等到欢乐的洋大芋同志收拾妥当，土大豆先生洋大芋女士正式带我出门。其实我也是很兴奋的，因为这也是我出生之后第一次出门，当然在出生之后从医院被抱回家是不算的，因为那时我正在呼呼大睡。

只是洋大芋的欢乐以及我的兴奋并没有持续多长时间，一系列的状况接踵而至。

首先是洋大芋女士抱着我的时候，我闻到了一股刺鼻的味道，时间长了就感觉特别不舒服，可怜我又说不出来话，于是一路上都闹个不停，土大豆和洋大芋哄了我半天也不得要领，最好笑的是土大豆先生，他安慰着急得直冒汗的洋大芋女士："没事，宝宝肯定是不适应，人家从来没出过门呢！"最关键的是洋大芋女士也不住地点头，看来她是信以为真了；

我很委屈地试图纠正土大豆的不正确结论，可惜他们都听不懂我的抗议，哎，沟通太不顺畅了，于是我只好继续哭，直到土大豆先生从洋大芋女士手中接过了哭得上气不接下气的我。

还没休息几分钟，新状况发生。临出门的时候洋大芋怕第一次出门的我感冒，于是给我穿了厚厚的衣服，外面还包了层小棉被，土大豆从洋大芋手中接过我之后，不知是出于紧张还是为了表示他对我的深厚感情，他把我抱得紧紧的，连呼吸都比较困难，我试图踢踢腿，无奈包得太紧了，我可不是生下来就力大无穷的葫芦娃！更惨的是，土大豆怕我受凉，见我在动，把我夹得更紧了，我细细的小胳膊也被他箍得疼，于是我只好再次哭了起来。

这么一来，走出门没几步我就哭了一路，可把洋大芋和土大豆给急坏了，洋大芋女士带着哭腔果断指挥土大豆先生直奔儿童医院。

医生是个戴眼镜的阿姨，当她看见气喘吁吁的洋大芋和土大豆抱着哭闹不止的我坐下来的时候，轻轻扶了扶眼镜："怎么给孩子穿这么多？解开解开，吃饭七分饱穿衣三分凉，你们给孩子裹成这样，孩子呼吸都困难，怎么可能舒服？快解开快解开！"不等愣住的洋大芋和土大豆动手，医生阿姨自己动手，三下五除二地给我剥开只剩下一件小衣服，我感觉到无比的轻松，胳膊也能伸了腿也能动了，真舒服啊！我抛了个无比感激的媚眼给医生阿姨。紧接着医生阿姨给我做了仔细的检查，最后出了诊断结果给洋大芋和土大豆，我就是被捂得太严实了！洋大芋和土大豆面面相觑，哈哈，虽然我不会说话，可是还是有人明白我的，被人理解的感觉简直太棒了！

临出门，医生阿姨又叫住洋大芋："你现在长时间和宝宝打交道，一定要注意避免使用化学成分太重的东西，什么发胶啊涂脂抹粉啊能免就免了吧，宝宝的皮肤很娇嫩的！"洋大芋女士头点得跟鸡啄米似的——我仔细观察了一下，原来一直让我感觉到不舒服的刺鼻的味道就是洋大芋头上打的一个叫啫喱的东西，洋大芋啊洋大芋，让我说你什么好呢？

就这样，我土小豆的第一次上街就这样戏剧化地结束了，回到家的洋大芋女士直奔卫生间去洗头，嘿嘿，知错能改是个好习惯呢！好吧，我也要向你学习哦，洋大芋女士！

本周宝宝成长对比表

生理发展： 俯卧时，不但能端正抬头，还会伸展小腿	心智发展： 对物品的记忆力慢慢增加
感官与反射： 有意无意地注视周围环境	社会发展： 看到别人逗笑，自己会跟着笑

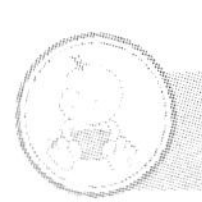

本周应注意的小细节

宝宝可以初步体察大人的情绪，这个时候，父母要调节好自己的情绪，不要在宝宝面前大声争执甚至吵架。

宝宝健康早知道

这个阶段，一般宝宝每天都会啼哭，一日 4～5 次，大人要注意观察宝宝的哭声，正常的啼哭声抑扬顿挫，声音响亮但不刺耳，一般没有泪液流出，每次哭的时间很短，几分钟到几十分钟，且这种啼哭，影响不到宝宝的食欲和睡眠。

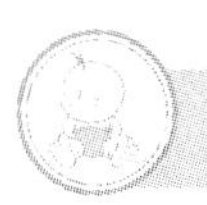

本周焦点关注：42 天复查

在妈妈产后第 42 天，需要去医院做产后复查。医生主要询问坐月子的情况和产后恢复情况。

有的医院还会给宝宝做一次检查，主要是检查体重、身长、头围、胸围，看宝宝的发育情况是否在正常范围之内。

本周推荐小游戏

本周推荐妈妈和宝宝玩“拉起游戏”，当宝宝仰卧的时候，妈妈可以抓住宝宝的双手，然后轻轻地向前拉起，这样宝宝可能会有意识地弯下小脖子，放下后，还可以再反复。这个游戏能够鼓励小宝宝多多抬头。

本周推荐食谱

新妈妈食谱：紫米薏仁粥

材料：糯米（紫）100克，薏米100克，糙米50克，冰糖20克。

做法：

1. 将紫米、薏仁、糙米分别洗净。
2. 将紫米、薏仁、糙米，用冷水浸泡两三个小时，捞出，沥干水分。
3. 锅中加入约2000毫升冷水。
4. 将薏仁、紫米、糙米等全部放入。
5. 先用旺火烧沸，然后转小火熬煮45分钟。
6. 待米粒烂熟时加入冰糖调味，即可盛起食用。

营养指导：紫米富含蛋白质、B族维生素、钙、铁、钾、镁等营养元素，可开胃益中、健脾暖肝、明目活血，对妇女产后虚弱、病后体虚以及贫血、肾虚均有很好的补养；薏仁是一种美容食品，常食可以保持人体皮肤光泽细腻；糙米有提高人体免疫功能，促进血液循环，消除沮丧烦躁的情绪，预防心血管疾病、贫血症等功效。

土小豆第七周成长周记：呵呵，手指好好吃呀

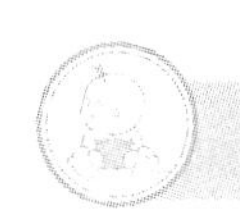

土小豆第七周周记

经过一段时间的磨合，洋大芋和土大豆已经能比较得心应手地与我相处了，而快速成长的我也开始有越来越多的小动作等待着他们。比如今天，我开始吮吸我的大拇指，被土大豆逮了个现行。

其实最初是我闲着无聊的时候慢慢学会把手攥成了拳头，攥紧又松开，而我的活动空间也有限，于是我慢慢就学会了把打开的手指放进嘴里。咦，怎么发现自己的手指还挺好玩，于是慢慢就学会了吮吸，哎，咸滋滋地，还挺好吃呢。真是台上十分钟台下十年功，我是多么艰难地一步步地尝试，结果不小心弄出了声音，就被土大豆发现了。大惊小怪的土大豆连忙叫来了同样喜欢大惊小怪的洋大芋，两个人围着我观察研究了很久，最后一致认为手上可能有的细菌会影响我的健康，强制性将手从我的嘴里拿出来。看着他们俩认真的模样，我真是又气又急，你们俩倒好，可以看电视、听音乐，还可以互相说说话，我除了吃就只能睡，醒着的时候玩玩自己的手指头也要被管制，这也太不人道了！

于是我决定和“耙耙麻麻”斗智斗勇，等洋大芋和土大豆放松了警惕，我又将手放进了嘴里，还吸得津津有味。不到一分钟，我又一次被成功抓获，洋大芋抱着我说了很多很多话，大概是希望我不要把手放在嘴里吧。可是“麻麻”完全不理解我对这件事的兴趣，“耙耙”也低估了我对这件事的执着程度，这可不是说服教育就能解决的问题。趁他们俩离开，我又把手放进了嘴里，当然不一会儿就被阻止。来来回回几次之后，洋大芋终于率先失去耐心，在柜子里翻出了手套给我戴上——这是个什么玩意儿？为什么我就看不到我的手指了呢？不过没关系，我可以连手套一起放进嘴里。

洋大芋同志的脸都快变形了，我也只好临危不惧地等待暴风雨的来临。这时我听见了土大豆呼唤她的声音，土大豆先生指着电脑上找到的信息，念给洋大芋听。原来这并不是我的专利，大多数宝宝到了这个阶段都有握拳、吮吸手指的感官反应，“粑粑麻麻”不必太紧张，但是需要注意我们的卫生。

真得感谢土大豆，他成功地让洋大芋除去了我手上那个讨厌的手套，我终于又可以自由地玩了，只不过隔不了多久洋大芋或者土大豆就会用湿巾帮我擦手，最大限度地帮我保持清洁卫生。

我朝土大豆灿烂地一笑，其实他不知道，现在我已经能区别出他和洋大芋，如果他知道，一定会很高兴的呢！

啪啪啪，手指真好吃。

本周宝宝成长对比表

生理发展： 白天睡眠时间变短	心智发展： 对声音产生兴趣
感官与反射： 1. 两只小手可以握起来 2. 吸吮自己的小手	社会发展： 看到人会有兴奋的表情

本周应注意的小细节

1. 大人尽量不与宝宝分开时间过长，以免宝宝产生分离焦虑，从而情绪不稳定。

2. 每天适当竖抱宝宝，刺激宝宝的视觉发育。

本周焦点关注：产后抑郁症

大多数的产后新妈妈都会有一定程度的伤心和焦虑的情况，一般从产后一周内开始，持续时间不超过两周。但也有极少数会持续时间较长，甚至发展为较严重的产后抑郁症。

产后抑郁症是新妈妈产后体内激素以及心理变化所带来的身体、情绪、心理等一系列变化。症状有紧张、疑虑、内疚、恐惧等，极少数较为严重。

新妈妈们要做好防治工作，注意休息，适当运动，禁吃刺激性食物，多接触家人朋友，必要时可求助于医师。

本周推荐小游戏

本周，家长可以经常放一些舒缓的轻音乐或儿歌，在音乐声中，大人抱着宝宝随着节拍晃动。这样的游戏可以刺激宝宝的听觉，对宝宝小脑的发育也十分有利，还能锻炼小宝宝的平衡能力，并且，有助于以后宝宝的坐、站、走。

本周推荐食谱

新妈妈食谱：桃仁鸡丁

材料：鸡肉 100 克，核桃仁 25 克，黄瓜 25 克，葱姜及各种调味料。

做法：

1. 鸡肉切成丁，用调味料上浆；黄瓜切丁，葱、姜切好备用；核桃仁去皮炸熟。

2. 炒锅上火加油，将鸡丁滑熟，捞出控油。

3. 原锅上火留底油，煸葱、姜至香，下主辅料与调味品，最后放桃仁，然后勾芡装盘即成。

营养指导：核桃仁是产后妈咪最该重视的一种坚果，其中含有很多抗忧郁营养素。

土小豆第八周成长周记：我也爱爸爸

土小豆第八周周记

每个麻麻都是矛盾综合体，并且喜欢显示她在我们心中卓尔不群、不可取代的地位，洋大芋同志就是其中最具代表性的一个。

在我刚生下来的时候，每次土大豆先生趴在我床边让我叫他爸爸，都会引来洋大芋的嘲笑："孩子还那么小，怎么可能会叫你？他都还不认识你呢！"而且洋大芋一有时间就捧着育儿方面的书来看，一度让我觉得，洋大芋是个懂科学育儿的"麻麻"。结果在后来的相处中，我对洋大芋最初的认知被推翻了，原来更多的时候，她会像个孩子一样犯傻。

现在的我已经开始逐渐储存记忆，而在洋大芋肚子里待了整整十个月，她是自我的生命形成之初就开始亲密接触的人，所以在现在的阶段我看见她的反应是最大的，用科学的说法就是这都源自于我对她的特殊记忆。对于这样的情况，洋大芋总是表现得洋洋自得，所以常常听见她在土大豆面前炫耀，用她的话说就是我最爱她。

如果她一直都这样得瑟，也就比较正常了，可偏偏她既希望在我心里保持不可颠覆的绝对地位又希望我同样地表达对粑粑土大豆的热爱以宽慰土大豆的心，于是就经常听到她这样对我说——

“宝宝是不是最爱妈妈呀？”

“宝宝你要一直这样爱妈妈哦！”

“宝宝你也要爱爸爸哦，爸爸跟妈妈一样爱你哦！”

“宝宝你看爸爸在妈妈的指导和监督下把你的尿布都洗干净了哦！”

最让土大豆郁闷的是洋大芋最喜欢在喂我吃饱之后对我说：“宝宝你看妈妈是不是最爱你啊？爸爸能给你洗尿布妈妈也可以，爸爸能逗你开心妈妈也可以，可是妈妈能喂你吃奶让你长得胖胖的，爸爸就做不到了哦！”

看吧看吧，用土大豆的话说，这就叫“明撮合暗挑拨”，可是没办法，显然洋大芋女士对这种自相矛盾的做法乐此不疲。

虽然我很同情土大豆先生，可是没办法，看到“麻麻”就格外兴奋可是我这一阶段的生理反应，加上我也不会说话，没办法阐述鱼和熊掌两个都是我最爱的那盘菜，于是每次洋大芋得意洋洋、土大豆郁郁寡欢的时候，我总会多看看土大豆先生，要知道军功章里可是有人家的一半哦！

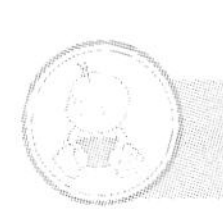

本周宝宝成长对比表

生理发展： 1. 宝宝的头部可以直立 2. 俯卧时，宝宝可以抬起头	心智发展： 会把物品和对应的称呼联系在一起
感官与反射： 两只小手可以握住	社会发展： 会清醒地看人

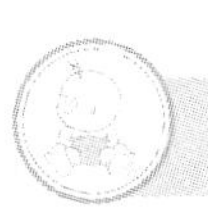

本周应注意的小细节

1. 合适的天气下，每天要进行户外活动。
2. 当心宝宝出现“日夜颠倒”的睡觉现象。

本周焦点关注：囟门

宝宝出生后，颅骨发育未全，存在缝隙，因此在头顶和枕后有两个没有颅骨覆盖的区域，称为前囟门和后囟门。

出生时前囟门大小约为 1.5cm×2cm，平坦或稍凹陷。宝宝 1 岁到 1 岁 3 个月时，前囟门完全闭合。2～3 个月后囟门会完全闭合。

囟门是反映宝宝头部发育和身体健康的重要窗口，囟门异常状况有以下几种表现：

1. 囟门鼓起：可能是颅内感染、颅内肿瘤或积血积液等。

2. 囟门凹陷：多见于因腹泻等原因脱水的宝宝，或者是营养不良、消瘦的宝宝。

3. 囟门早闭：指前囟门提前闭合。此时必须测量宝宝的头围，如果低于正常值，可能是脑发育不良。

4. 囟门迟闭：指宝宝 1 岁半后前囟门仍未关闭，多见于佝偻病、呆小病等。

5. 囟门过大或过小：囟门过大可能是先天性脑积水或者佝偻病。过小很可能是头小畸形。

大人发现宝宝以上这些异常情况，应及早就医，正确诊断与治疗。

本周推荐小游戏

当宝宝清醒时，爸爸妈妈可以频繁变换表情，扮鬼脸，看宝宝是不是会模仿您的表情。

本周推荐食谱

新妈妈食谱：香苹山药泥

材料：苹果 1/2 个，山药 100g，牛奶 200ml，肉桂粉 3g。

做法：

1. 将苹果、山药洗净去皮，切小块，放入果汁机中加入牛奶打成果汁。

2. 将适量的肉桂粉加入 1 中即可。

营养指导：苹果是丰富纤维质的来源，每百克苹果含果糖 6.5～11.2 克，葡萄糖 2.5～3.5 克，蔗糖 1.0～5.2 克；还含有微量元素锌、钙、磷、铁，所含的营养既全面又易被人体消化吸收，山药则有帮助调整女性荷尔蒙的功效，肉桂可以平衡血糖。

土小豆第九周成长周记：打防疫针时我哭了

土小豆第九周周记

不知不觉我已经出生两个月了，今天洋大芋女士带我去医院做儿童保健。

早早就来到医院，可是还是排了很长的队，第一次看到周围有很多哥哥姐姐弟弟妹妹，我当然非常兴奋，可是为什么有那么多小朋友都哭得撕心裂肺呢？我要好好观察一下！

先是给我量了身长和称了体重，这个月我长了不少哦，这当然要归功于洋大芋女士的纯母乳喂养，还得感谢每天给洋大芋女士买菜做饭的爷爷奶奶，以及默默无闻坚持洗尿布的土大豆先生。排在我前面的弟弟是喝牛奶的，听医生说他这个月才长了400g，营养没有跟上，抱着他的阿姨还被医生骂了呢！

看来洋大芋真是劳苦功高。

正在感慨就被洋大芋抱去了另一个地方，排了好长的队，最奇怪的是抱进去的时候没见几个孩子在哭，可是从另一个门出来的时候每个宝宝都哭得稀里哗啦的，我下意识地有些害怕，直往洋大芋的胳膊里面钻，心里不停地希望洋大芋就这样把我抱回去。

终于还是轮到我了，有个戴着口罩的年轻护士阿姨把一个细细尖尖的东西拿在手里，洋大芋把我放在她腿上，轻轻用手揽过我的头，嘴里还在念叨着不要怕不要怕，咦，到底要把我怎么样呢？

还没来得及思考心里的疑问，谜底就被揭晓了，哇哇哇，有东西咬我！哇哇哇，好痛好痛！除了哭，我真不知道自己还能做点什么，我只好扯着嗓子哭了起来。

洋大芋赶紧抱着哭得花枝乱颤的我走出了房间，一边走一边跟我说不痛不痛。有没有搞错啊洋大芋女士，怎么可能不痛？不痛我怎么会哭呢？哇哇哇，这一刻是多么的想念“粑粑”土大豆，真想哭着告诉他你儿子土小豆被虫子咬了，可是洋大芋还骗我说不痛，哇哇哇！

后来才知道，没有虫子咬我，是给我注射了疫苗，我左手臂上还多了个红色的东西。虽然洋大芋女士一路都在告诉我打针是为了让我身体更好，可是我还是决定继续生她的气，谁让她把我抱过去的？

我发誓，打针什么的最讨厌了！

我还在抽泣，忽然看见洋大芋眼睛红红的，她肯定也被打了一针，她肯定也痛得要命！算了算了，看在她也哭了的份上，我就不计较那么多了，何况哭了半天，我也累了。

“麻麻”还是很爱我的，自己都痛成那样了还要抱着我。

想着想着，我就睡着了。

“土大豆，你快看，土小豆睡着了也在笑哦！快看快看！”

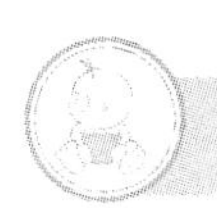

本周宝宝成长对比表

两个月宝宝体重、身高参考值： 男婴体重 4.3～7.1kg，身长 54.4～62.4cm； 女婴体重 3.9～6.6kg，身长 53.0～61.1cm	感官发展情况： 1. 自发性动作增多 2. 更喜欢颜色鲜艳的图案
生理发展情况： 1. 后囟门大约已经闭合 2. 夜里连续睡眠时间增长	心智发展情况： 会停下来吸吮的动作，去倾听
社会发展情况： 1. 容易笑而且是自发性的咯咯笑 2. 爱看人脸胜过看东西	

本周应注意的小细节

1. 经常给宝宝变换姿势睡觉，避免长期一种姿势，影响宝宝头型的形成。

2. 本月应注意防止宝宝从床上摔下的意外。

3. 太软的枕头不能给宝宝使用。如果宝宝把头侧过来，有堵塞口鼻的危险。带凹的马鞍形枕也不可使用，宝宝若吐奶，吐出来的奶可能会堵塞住宝宝的口鼻。

本周焦点关注：婴儿哭闹

哭闹是婴儿不能避免的特质。宝宝哭闹的原因主要有以下 3 种：

1. 外界因素：室内温度过高或过低，衣服被褥过热，室内光线过强，周围环境太嘈杂等，都会造成宝宝烦躁与哭闹。

2. 宝宝的主观因素：饿了困了时；对于不情愿做的事情表示抗议时；

感觉周围环境中存在不安全因素时。另外，当大人烦躁不安或者对宝宝态度不好时，宝宝会会因为害怕而哭闹。

3. 疾病因素：各种疾病导致的不适都会使宝宝哭闹，当宝宝因不明原因忽然高声异常哭闹，且表情痛苦，甚至出现一些腹泻、呕吐、皮肤颜色变化等其他症状时，应及时就医。

本周推荐小游戏

本周可以玩“大龙球”的游戏，让宝宝趴在大龙球上，抓住宝宝的双手，轻轻地摇晃，此时，妈妈可以在一边唱儿歌，也可放有节奏的轻音乐。这个游戏能够提高宝宝的身体协调性，也有助于提高宝宝的平衡能力。

本周推荐食谱

新妈妈食谱：栗子黄焖鸡

材料：肉鸡1只1750g左右，栗子250g，味精、白糖、葱段、姜片各10g，太白粉15g，汤1000ml，花生油150ml，料酒10ml。

做法：

1. 将肉鸡骨头剔下，剁成4cm见方的块状，用少许太白粉、精盐拌匀。

2. 剥去栗子外皮，用油炸至皮紧。

3. 将鸡块下油锅炸至金黄色倒出，锅留底油，下葱姜稍炒，再下鸡块及汤，调好颜色及口味，以中火煮25分钟（烧煮之中放入栗子），待鸡熟汁浓时起锅，挑去葱、姜，用太白粉勾芡，盛盘即可食用。

营养指导：栗子具有养胃健脾、补肾强筋、活血止血等作用，与具有生精养血、培补五脏的肉鸡相搭配则有补而不腻之效，还能通过栗子的活血止血之效，促进子宫复原。

土小豆第十周成长周记：我喜欢被竖着抱

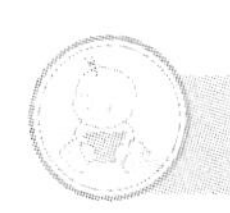

土小豆第十周周记

都说满月之后一天一个样，我是亲身体验了，完全是在不知不觉中，我的变化越来越多，这个原本陌生的世界正在向我逐渐展开它的美妙。

我能抬头了，时不时还喜欢硬着脖子看看这个新鲜美好的世界，可是一直以来洋大芋和土大豆都超级喜欢把我横向抱在怀里，这样睡觉还比较舒坦，但是随着我醒着的时间越来越多，这样的姿势导致我的视线受到相当大的遮挡，简直浪费了我逐渐在增强的视力。经过几天或含蓄或直接的提示，洋大芋和土大豆终于在本周的一个黄昏，通过我的挣扎和他们听不懂的哭诉，他们俩才发现原来我现在喜欢被他们竖着抱在怀里，人家的头已经可以短时间竖立，竖着抱才可以看得更舒服嘛！可是土大豆是个谨慎保守的“耙耙”，他觉得太早竖着抱会让我稚嫩的颈椎受不了，于是每次在洋大芋刚把我竖着抱的时候他就过来干涉，并吧啦吧啦讲上一大堆道理，不仅洋大芋受不了，连我都被这个现代版唐僧给念得狂躁不已。

今天吃了晚饭散步的时候，土大豆全然不顾洋大芋已经出奇愤怒的表情，指责洋大芋把我竖着抱的行为是对我无原则的溺爱！此话一出，我马上感觉到洋大芋熊熊燃烧的小宇宙。我们家老早，据说在我还没有出生的时候就出台有明文规定，但凡家里的大事由土大豆同志决定，小事由洋大芋同志决定，然后由洋大芋同志确定事情究竟是大事还是小事，因此洋大芋同志虽然只负责决定小事，但在我们家可是具有绝对的权威。在这样危急的时刻，洋大芋同志果断行使权利，责令土大豆闭嘴并无条件执行和继续她对我的溺爱，于是土大豆只好闭嘴，每次散步都耷拉着脑袋走在雄赳赳气昂昂抱着我的洋大芋身后，偶尔还会弱弱地提醒洋大芋注意我的脖子。

看着土大豆的表情，真是大快人心。其实也怨他自己，因为他没有发现，即使洋大芋把我竖着抱，手还是时时刻刻都放在我脖子后面护着的呢！怪他自己观察不仔细，才搞得我们娘俩都孤立了他，少数就得服从多数嘛，不然可就是破坏家庭团结和谐哦，这么大的罪名他土大豆哪里背得起呀！

呼呼，今天天气好晴朗，处处好风光！

本周宝宝成长对比表

生理发展： 1. 可以一起移动双臂或双腿 2. 可以将自己的身体蜷缩起来	心智发展： 尝试用手摸索自己的脸、眼睛和小嘴
感官与反射： 1. 会将两只手握在一起 2. 眼睛和头会随着物品移动	社会发展： 哭泣次数和时间均减少

本周应注意的小细节

1. 如果小床上挂了玩具，注意别让宝宝拽下来砸到自己。
2. 给宝宝洗澡时，他可能会乱动，爸爸妈妈要注意认真看护。

本周焦点关注：湿疹

婴儿湿疹一般在出生后的第二周出现，表现为小红疙瘩，一般长在脸上和臀部，因此要注意保持清洁和干燥。在到了一两个月时，是湿疹的高

发期，3个月时，是湿疹的严重高发期，这时，宝宝的头顶上往往也会结一层脂肪性疮痂，有的宝宝脸上也有。有些痒，宝宝会不停地去抓，要给宝宝勤剪指甲。

当宝宝头顶出现硬痂后，可以在洗澡前使用婴儿油擦拭，然后轻轻地用温水洗去，多洗几次即可消失。

为了预防湿疹，小宝宝的内衣应是松软宽大的棉织品或细软布料，不要穿化纤织物、羊毛织物以及绒线衣衫，最好穿棉质衣服。

本周推荐小游戏

本周推荐游戏“骑大马”：大人将腿伸平，把小宝宝放在自己的大腿上，面朝自己。然后可以一边前后摇晃身体，一边唱着儿歌。这个游戏可以促进大人与宝宝之间的感情，而且还能起到锻炼宝宝胆量的作用。

本周推荐食谱

新妈妈食谱：黑豆鱼尾汤

材料：鲩鱼尾1条，黑豆50g，红枣4粒，姜2片，盐3g。

做法：

1. 鲩鱼尾去鳞洗净，用盐腌匀，姜去皮切片。
2. 用干锅将黑豆炒至爆裂，洗净，沥干水。
3. 将全部材料一并放入煲内煲滚，再用细火煲2小时，落盐即成。

营养指导：黑豆中的微量元素如锌、铜、镁、钼、硒、氟等的含量都很高，黑豆炒过后煲汤，有更好的滋补力。鲩鱼肉有祛风平肝、暖胃和中的功用，亦能补产妇之乳汁不足。

土小豆第十一周成长周记：我不愿意戴手套

土小豆第十一周周记

最近经常有人夸我可爱，说我白白胖胖的，这得归功于洋大芋，因为坚持纯母乳喂养，洋大芋一直吃得很清淡很有营养，通过每餐的乳汁再把这些营养传递给我，我也慢慢在褪去刚出生时候皱巴巴的皮肤，长得越来越具有观赏性。但是洋大芋和土大豆做得最好的，是一直很关注我的个人卫生。

自打从洋大芋肚子里蹦出来，洋大芋和土大豆就用实际行动培养了我讲卫生的好习惯。出汗多的时候，他们每天给我洗两次澡；即使没怎么出汗，每天晚上散步回来也一定要给我洗澡才喂我吃奶；每次拉完便便，会用很柔软的纱布给我清洗，然后涂上奶奶自制的爱心紫草油，所以我的小屁屁可是从来没有红过哦！而自从我学会吮吸手指头开始，每天不定时给我洗手，带我出门也会注意外界卫生环境，土大豆还随身携带很温和的婴儿专用纸巾，随时帮我擦拭可能会碰到的地方……总之他们一直都很重视我的个人卫生，在此，土小豆对洋大芋和土大豆两位同志表示由衷的感谢，可是最近出了点小状况。

事情的起因是因为我没事喜欢东挠挠西抓抓，有时候难免会抓到自己的脸，而洋大芋和土大豆都是近视眼，每次给我剪指甲的时候小心翼翼不说，还总剪不彻底。婴儿的新陈代谢本来就很快，我的小指甲也长得飞快，本来就剪得不够彻底再加上长得快，于是很多次自己把自己抓得伤痕累累。每次洋大芋和土大豆一看我又把自己抓伤了，总是心疼得捶胸顿足，可是又没有切实的解决办法，于是伟大的土大豆先生做了个同样伟大

的决定——他给我买来好几双婴儿手套，每天都给我套在手上。

于是，看上去这个问题得到了圆满的解决。

可是土大豆和洋大芋都忘记了，我已经是个快三个月的小调皮了，我已经学会了吃手、学会了抓东西，还学会了摸摸洋大芋的脸，这个时候给我戴上手套，让我原本就枯燥的生活减少了太多的乐趣，你们说我能同意吗？于是每次给我戴手套，我就开始挣扎，挣扎未果就只好放声大哭，洋大芋和土大豆看我这样的状况，陷入两难的境地：不给我戴吧，怕我随时随地给自己毁容；戴上吧，剥夺了我玩手的乐趣，我也总是哭闹。

最终还是伟大的土大豆先生灵光一现，他到网上去找了半天，最后找到一款专门给婴儿准备的指甲钳，两侧有防止过度修剪的塑料壳，如果比较靠近手指的肉就再怎么使劲都剪不到。

于是一个困扰我们家的问题迎刃而解，我的小手也终于得到了解放。看来虽然偶尔会卡壳，关键时候，土大豆先生还是很靠谱的！

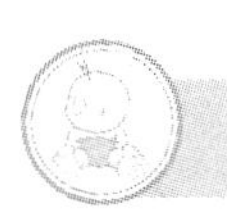

本周宝宝成长对比表

生理发展： 1. 趴着的时候，会用手肘撑着自己的身体 2. 大人扶着时，会乱蹬腿	**心智发展：** 对多次出现的食物会注视
感官与反射： 1. 会扭头，寻找声音 2. 可以挥动玩具	**社会发展：** 对爸爸和妈妈会出现不同的反应

本周应注意的小细节

1. 宝宝吃奶或喝水时，容易睡着，若睡着，把奶嘴从宝宝嘴里抽出来，避免宝宝吸吮进大量空气。

2. 宝宝俯卧位时，大人应注意，防止宝宝呼吸堵塞。

本周焦点关注：宝宝臀部护理

婴儿由于大小便次数较多，易出现臀红或尿布疹。爸爸妈妈要做好防范工作：

1. 及时更换尿布。

2. 尿布质地要柔软，每次换下的尿布应用弱碱性肥皂洗涤干净并暴晒至干透。晚上使用纸尿裤的话，质量要确保合格。

3. 婴儿身下不要使用橡胶、塑料等材质的垫子，没有透气性。

4. 每次便便后要用清水冲洗臀部，干爽的毛巾沾干后稍晾一会再穿尿片。

如果以上几项工作没做到位，宝宝出现了臀红现象，可使用护臀霜。谨记，每次涂抹薄薄一小点，不要涂得过多过厚，以免导致宝宝皮肤毛孔堵塞，适得其反。

本周推荐小游戏

本周，爸爸妈妈可以将两个小铃铛系在宝宝的两个小手腕上，然后轻轻晃动宝宝的双手，发出有节奏的铃声，宝宝会很兴奋噢。有些小宝宝甚至会主动学习大人，自己晃自己的小手呢。

本周推荐食谱

新妈妈食谱：韭菜虾仁炒蛋

材料：韭菜 3 两，鸡蛋 2 个，鲜虾仁 1 两，植物油适量、食盐适量。

做法：

1. 韭菜洗净，切成 3cm 长的段。

2. 虾仁用清水洗净，去掉虾肠线，鸡蛋打散。

3. 将锅用旺火加热，倒入植物油，将打散的鸡蛋炒至八分熟后盛出。

4. 炒锅中倒入少量植物油，烧制八成后放入虾仁，用中火炒熟，然后放入韭菜翻炒片刻。

5. 最后放入鸡蛋炒熟，加一点盐调味。

营养指导：韭菜性温，味辛，含有挥发性精油及硫化物等特殊成分，散发出一种独特的辛香气味，有助于疏调肝气，增进食欲，增强消化功能；韭菜中的粗纤维能促进胃肠蠕动，可预防习惯性便秘；适宜便秘、产后乳汁不足女性。

虾营养丰富，还含有丰富的钾、碘、镁、磷等矿物质及维生素 A 等成分，且其肉质松软，易消化，虾的通乳作用较强，并且富含磷、钙，对小儿、孕妇、产妇尤有补益功效。

鸡蛋是人体最易吸收的优质蛋白食物，并富含维生素 A、B 族维生素等，能满足产妇对优质蛋白的需求。

土小豆第十二周成长周记：我爱抓东西

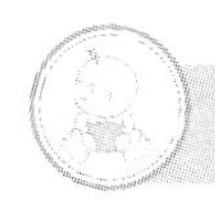

土小豆第十二周周记

快要满三个月了，我的动作越来越多，很多时候都想要去抓任何我能够抓到的东西，用洋大芋的话就是我开始显现搞破坏的天赋。

真是的，哪有这么严重，我不过就是喜欢东拉西拽吗？可是今天，我把土大豆惹生气了，这会我还在想办法哄他开心呢！

前几天，土大豆在我的床上给我挂了个叫摇铃的东西，话说这个东西真是好玩，洋大芋或者土大豆过来一按，它就会自己转起来，上面还挂满了颜色鲜艳的小东西，转的时候还有音乐呢！据说这是我出生的前一周土大豆专门去商店里给我选的，说这是他送给我的第一个玩具，后来因为我视力有限看不到那么远，就一直没拿出来。现在我长大了，能看见的东西越来越多，土大豆就喜滋滋地把他给我准备的礼物拿了出来，还很认真地给我挂在床上，看着我的眼睛和脖子跟着转动的小圆球左右晃动，洋大芋和土大豆也给逗乐了。

其实我真是很喜欢这个礼物，可是我现在这个阶段，最喜欢的动作就是拉拉扯扯，而且有时候力气还不小呢！今天下午土大豆去上班了，洋大芋抱着我在房间里东走西逛，还把这摇铃给我打开了，说是让我听听音乐陶冶下情操，然后就抱着我围着摇铃转圈圈。我对这个会发出声音还会动的东西表现得很好奇，眼睛一直跟着它转，洋大芋于是把我抱在靠近摇铃的地方和我玩。玩着玩着，我伸了伸手，想去抓，而洋大芋大概以为我只是个尝试性的动作，没有阻止，结果呢！结果就是我一把抓住了正在转动的小圆球，一把就把它扯了下来。

这质量还真不敢恭维啊！可怜我的第一个玩具，就这么被我扯得七零八落。等土大豆下班回来看到之后，他认为我是不喜欢他送我的礼物所以才这么野蛮对待，然后就一直虎着脸，连抱着我都不怎么跟我笑。

哎，土大豆先生，我这可是太喜欢太喜欢的表现啊，你怎么能曲解我的意思呢？算了，看着他不高兴的模样，还是先哄他好了。

“粑粑”，抱抱！

“粑粑”，亲亲！

哈哈，腻在土大豆怀里半天了，土大豆脸上的乌云终于散开了，我还是有两把刷子的哦！

不过下次，可一定要给我买个质量好的玩具哦！

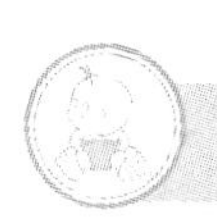

本周宝宝成长对比表

生理发展： 面部表情变多，发出的声音也变多	心智发展： 可以分辨自己和他人的镜中像
感官与反射： 1. 喜欢舔舐东西 2. 能够注视自己的东西长达10秒钟	社会发展： 开始辨认区分爸爸妈妈

本周应注意的小细节

1. 现在，应多带宝宝出去看看外面的小伙伴们。

2. 如今3个月了，小宝宝的衣服可以减负啦，可以和成年人差不多了。这样有助于锻炼宝宝的抵抗力。

本周焦点关注：宝宝便秘

在小宝宝到了第3个月时，便便次数开始减少，如果喂养不当，就很容易产生便秘的症状。尤其是喂奶粉的宝宝，更容易“上火”，从而引起便秘。

宝宝有了便秘症状后，大人可以给宝宝多喂些水，或者适当地喂些菜水、果汁等。

本周推荐小游戏

宝宝变得越来越爱动了，表现为蹬腿踢玩具抓东西。宝宝平躺时，头上方的玩具，要挂得牢固，不要太高，要让宝宝能够轻松抓到。这样，宝宝会试图伸手去抓玩。此游戏可以发展宝宝的手眼协调性，还能增强宝宝的上肢力量。

本周推荐食谱

新妈妈食谱：豆花鱼

材料：草鱼1条，嫩豆腐200g，黄豆50g，上汤500ml，葱姜蒜等调味品适量。

做法：

1. 鱼放盐、料酒、姜、葱腌一会儿，姜、蒜切末，切葱花，豆瓣酱剁细待用。

2. 锅中下油量多一些，烧七成热，下鱼炸至外酥里嫩捞起，黄豆炸香。

3. 锅中下油，以中小火将豆瓣酱炒酥香，下姜、葱、蒜炒香，加入上汤，下酱油、盐、糖、醋、料酒、花椒，调味后，下入炸好的鱼以中火烧，最后捞起鱼，下豆花小烧片刻，捞起盖在鱼上。

4. 锅中汤汁加味精、香油，勾薄芡，淋在鱼和豆花上，撒葱花及炸好的黄豆即成。

营养指导：豆花和鱼肉中丰富的蛋白质，能为哺乳的妈咪带来充足而优质的氨基酸、钙质，以及大豆所特有的异黄酮，可促进母亲身体的恢复，并给宝贝额外的健康呵护。

土小豆第十三周成长周记：我可以接受把尿

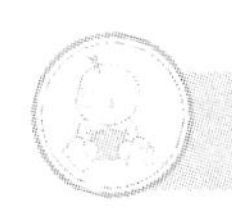

土小豆第十三周周记

满三个月之后，奶奶打电话来让洋大芋和土大豆学着给我把尿，免得我每天都会频繁地尿在尿布上。奶奶走后，土大豆开始在网上到处搜把尿的攻略，而洋大芋则抱着我开始自己琢磨。

一分钟过去了，两分钟过去了……半个小时过去了，我已经被洋大芋以脸朝外、双腿叉开的姿势抱了半天了，可是除了土大豆的键盘声音，我的“麻麻”完全没有任何动作，难道她睡着了？我很艰难地转头看了看洋大芋，她正聚精会神地看着我，好像还侧着耳朵在听什么。哎呀我亲爱的洋大芋女士，你这到底是要干什么呢？实在不耐烦了，我开始扭动身子，顺带发出一些声音想引起他们的注意。

土大豆终于走过来了，他也很好奇洋大芋在干吗，结果洋大芋没好气地回答：“去去去，没见我在给宝宝把尿啊！”啊，原来这就是传说中的把尿？我还以为在玩一、二、三木头人的游戏呢，哇哇哇，太不舒服了！我索性开始哭闹起来。洋大芋一听见我哭，这才放了我一马。

“为什么我把了尿，宝宝却不尿呢？”躺在土大豆怀里昏昏欲睡，还听见洋大芋在自言自语。

第二天，奶奶被洋大芋请了过来。听完洋大芋的情景再现，奶奶笑弯了腰：“你这样，宝宝根本就不知道你要干吗又怎么可能把得到尿呢”。就是，我虽是从你肚子里出来的，但我也不是你肚子里的蛔虫，我怎么知道你洋大芋这次又是在唱哪一出呢？真是的，害人家保持一个不舒服的姿势整整半个小时，太不靠谱了吧！

奶奶笑完，开始一点一点地教洋大芋如何给我把尿。原来在准备给我把尿时，要发出“嘘嘘”的声音，或是其他类似水流的声音，或是说“尿尿”。这样做的目的是让我在这个声音和排便之间产生关联，就像是个提示，久而久之，我就会把这个声音作为要排尿排便的信号，把自己要排便的意愿，跟把尿联系起来，这样才能让我顺利地排尿排便。

奶奶还给洋大芋示范了把尿的姿势，先用双手从后面轻轻地分开我的双腿，扶着我凌空坐在尿盆上方。我现在才刚满三个月，为避免加重我的颈椎和背部的压力，可以让我的头、颈、背舒适地靠着洋大芋的一侧胳膊或是腹部。

这么一来，可是舒服多了，洋大芋在一边直点头，还学着奶奶嘘了几声。

哎呀，我要尿尿了！我要尿尿了！

本周宝宝成长对比表

新生婴儿体重、身高参考值： 男婴体重 5.0～8.0kg，身长 57.3～65.5cm； 女婴体重 4.5～7.5kg，身长 55.6～64.0cm	感官发展情况： 小手会拍打东西了
生理发展情况： 爱吸吮自己的手	心智发展情况： 开心时，手和腿往往会伴随着做出动作
社会发展情况： 会注意熟悉的人	

本周应注意的小细节

1. 宝宝流口水后，用柔软、干净的纱布擦拭。
2. 注意别让宝宝翻身摔到床下。
3. 不要阻止宝宝吃手，这是他在用手探索事物。

本周焦点关注：婴儿睡眠

婴儿睡眠时会分泌各种激素，以促进宝宝生长发育和身体代谢。

正常情况下，3 个月大的婴儿每天要睡 15 个小时左右，其实从宝宝出生第二周开始，建议爸爸妈妈就注意让宝宝区分白天黑夜，夜里醒来，把房间光线调暗，培养其夜间睡觉的意识。

宝宝有困意时，尽量让他自己入睡。夜里若醒来，先观察下，有时宝宝会很快再次入睡。这样做，宝宝养成习惯后，爸爸妈妈会轻松很多噢。

本周推荐小游戏

本周建议大人多为小宝宝准备些不同材质的安全卫士物品，如软布、毛线、纸张等。让宝宝感知不同物品，认识这个世界。

本周推荐食谱

新妈妈瘦身食谱：青木瓜肋排汤

材料：肋排、青木瓜、盐、嫩姜、葱花、酒少许。

做法：

肋排切小块滚水氽烫。青木瓜切小块备用。水烧开放入肋小排、青木瓜、嫩姜片、盐，大火开后转小火煮约 25 分钟，洒上葱花即可盛出。

营养指导：青木瓜是一种高纤食品，又可促进乳汁的分泌。肋骨排富含钙质、铁质及蛋白质，是一道很不错的产后汤品。

土小豆第十四周成长周记：想给我照相我都睡着了

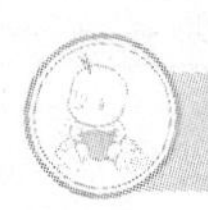

土小豆第十四周周记

我已经一百天了！据我偷听洋大芋和土大豆说话，今天他们要带我去照相，咦，什么是照相呢?

今天刚好是星期天，土大豆不用去上班，早上起来，洋大芋把我喂饱之后就把我交给了土大豆，她自己则翻箱倒柜给我找衣服。折腾了老半天，洋大芋给我穿上一件白色圆点的红色外套。给我穿上之后洋大芋喜滋滋地抱着穿着新衣服的我去给正在洗尿布的土大豆看，土大豆认真看了看，点了点头："真好，像只瓢虫!"

就这样，瓢虫版土小豆伙同"粑粑麻麻"高高兴兴地上街去了。顺便说一下，我现在可喜欢逛街了，每天早上起来吃饱喝足，就会咿咿呀呀地指使洋大芋带我出去散步；晚上吃完晚饭，土大豆和洋大芋也会自觉自愿地带我去散步。有时候他们把我放在推车上，我可以躺着一边玩手指头一边到处看，不过我更喜欢被他们抱着，靠着温暖的肉垫可是要舒服得多哦!

坐了好长一会车，终于到了照相的地方。洋大芋把我抱进房间，哇噻，里面有好多玩具哦，毛绒绒的摆得一地都是。土大豆一会拿一个东西在我面前晃晃，一会又拿另一个东西在我面前晃晃，晃得我不知道伸手抓哪一个，哇！打了个长长的呵欠，我怎么有点困呢?

不行不行，我要先睡一会。瞌睡虫咬住了我，我全然不顾洋大芋的呼唤和摆弄，闭上眼睛美美地睡了过去。

不知过了多久，我慢慢睁开眼睛，洋大芋和土大豆正一脸无辜地看着我，看见我睁开眼睛，洋大芋的脸上立马阴转多云，又瞬间艳阳高照：

“宝宝醒了宝宝醒了，可以照相了可以照相了！”

可是，洋大芋明显误会了我的意思，我睁开眼睛的原因完全是因为我肚子已经饿得咕咕叫了。我伸过脑袋往洋大芋胳膊下面钻，这是我们娘俩的专属语言，只要我做这个动作，就是在告诉麻麻我饿了——看见我的信号，洋大芋的脸又晴转阴了。她一脸无奈地对身边一个不认识的叔叔说让他再等等，等我吃饱了再拍。

打了个巨大的饱嗝之后，我一脸满足地趴在洋大芋怀里，好吧，那我继续睡了哦！

睡得迷迷糊糊，我听到洋大芋略带哭腔的声音：“土大豆，你家孩子怎么又睡了啊？这还怎么照相啊！”

咦，亲爱的“麻麻”，你不是经常说“小宝宝，睡歪歪，你是妈妈的小乖乖”吗？

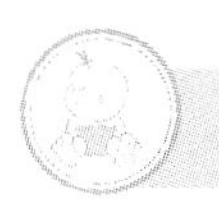

本周宝宝成长对比表

生理发展： 1. 会看不同距离的物品 2. 腿部力量增强	心智发展： 开心时，手腿舞动幅度很大
感官与反射： 会双手握住玩	社会发展： 1. 有音乐声会停下来听 2. 会喜欢某个玩具

本周应注意的小细节

1. 宝宝的袖口不宜过长，也不宜戴手套，更不要包裹得太严实，影响宝宝的活动。

2. 宝宝夜里醒来后，尽快哄睡着，不要逗宝宝玩，以免宝宝养成不良的睡眠习惯。

3. 宝宝开始不怎么吐奶了，但是喂完奶后，还是要给宝宝及时拍嗝。

本周焦点关注：婴儿被动操

婴儿被动操，有利于促进宝宝体格发育和神经系统的发育。婴儿被动操适用于2～6个月的小宝宝，根据月龄和体质，循序渐进，每天可做一两次，最好是在宝宝洗完澡后进行。做时，宝宝衣服应宽松，质地柔软。操作时，动作要轻柔，可配上有节奏的音乐。

现在有很详细的被动体操步骤，其实就是帮着宝宝做按摩。包括手臂按摩，左右臂各做4～5次。腹部按摩6～8次。腿部按摩，左右腿各4～5次。背部按摩，上下方向各做4～5次。脚底按摩，左右脚各4～5次。双腿屈伸做6～7次。3个月以后的宝宝，运动能力逐渐增强，体操种类可以相应地添加。

本周推荐小游戏

本周可以玩“踢水花”的游戏。在浴盆里放入10～15厘米深的水。让宝宝仰面躺在水里，大人用手托住宝宝的头，注意宝宝的脸和耳朵要露在水外面。这时，宝宝会高兴地乱踢腿，踢得越用力，水花就溅得越高。宝宝会玩得很开心。

本周推荐食谱

新妈妈瘦身食谱：哈密瓜盅

材料：哈密瓜、鸡蛋、红萝卜、西洋芹适量。

做法：

1. 哈密瓜洗净，由上端横切将内部籽挖除。

2. 鸡蛋打散加少许水，红萝卜去除外皮切小丁，西洋芹洗净切小丁备用。

3. 将红萝卜、西洋芹加入蛋液中再倒入哈密瓜肚子里。

4. 将哈密瓜移至蒸锅中，盖上锅盖以大火蒸至蛋液凝固即可。

营养指导：

哈密瓜水分多，容易有饱足感，并含有高纤维。

土小豆第十五周成长周记：我喜欢好听的音乐

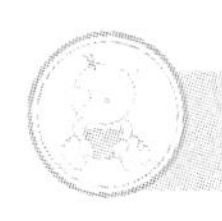

土小豆第十五周周记

我是个喜欢音乐的宝宝，因为还在洋大芋肚子里的时候，洋大芋经常会放一些胎教音乐给我听，久而久之就习惯了，只要一听音乐我就觉得舒服，老想抖抖手啊抖抖脚啊什么的。刚生下来那会儿，洋大芋和土大豆每天都忙得团团转，哪里还想得起给我放好听的音乐。现在一切迈入正轨，洋大芋才重新把音乐听着、小曲唱着，我的艺术细胞才重新开始活跃起来。

每天听着音乐，洋大芋还会给我讲这是谁的曲子，所以虽然我不知道他们长什么样子可是我知道贝多芬啊知道巴赫啊知道舒伯特啊，听着他们的曲子我就手舞足蹈的，有时候还会高兴地发出点声音来，连洋大芋都夸我可厉害了！

可是今天我彻底不高兴了。洋大芋出门了，临走把我交给了土大豆，还再三告诉他要记得给我放音乐，结果呢，他倒是很积极地给我放了，还开得老大声，可是他放的音乐全让我听起来怪怪的，对我而言简直就是噪声。终于我忍不住抗议了，我使劲蹬腿，手攥成拳头不停地挥，这可是我不高兴的表达式。结果你们猜怎么着，糊涂的土大豆先生居然以为这是我在跟着唱，不但没明白我的意思，还拿着手机对着我一顿狂拍。哇，受不了了受不了了！我只好咧着嘴哭了起来。

现在终于深刻体会了什么叫没有不靠谱的孩子，只有不靠谱的家长。

好在关键时候，洋大芋像天兵天将一样从天而降。此时此刻的洋大芋，充分表现了每天与我在音乐中同呼吸共命运所培养起来的默契，一针见血地指出了我哭的原因："我让你给宝宝放音乐，你都放的什么乱七八糟的？这一通的鬼哭狼嚎在宝宝的耳朵里简直就是噪声，他能不哭吗？关掉关掉！"

难听死了的声音终于消失了，我在洋大芋怀里委屈地抽泣；可怜的土大豆此刻只好夹着尾巴做人，在洋大芋的指挥下给我放了我喜欢听的音乐，还陪着笑脸给我道歉呢！

好吧好吧，这次我就大人有大量吧！

我开始专心地听音乐，而土大豆正在认真地听取洋大芋的育儿经："听音乐对婴儿而言，并不是欣赏教育，只是利用音乐优美的旋律，来帮助婴儿听力的发展。因此，这种听音乐的教育，应该是在自由的气氛下，没有任何的限制与目的，只要婴儿醒着，就可轻轻播放音乐让宝宝听，培养宝宝对音乐的感觉力，让宝宝在这种自然的音乐熏陶中，感到愉悦，并且对音乐产生快乐的情感。所以你放什么《爱情买卖》，节奏感太强，而且你的音响声音开得太大了，不但无法调动宝宝的情绪，还可能让宝宝觉得这是噪声，会产生抗拒情绪，所以啊，我们的宝宝就哭了。"

土大豆终于明白了，以后不会再放错了吧！

本周宝宝成长对比表

生理发展： 能够朝每个方向转头	心智发展： 记忆长度达 7 秒钟
感官与反射： 双腿在空中会做出脚踏车的动作	社会发展： 喜欢听不同的声音

本周应注意的小细节

1. 宝宝发出咿咿呀呀的“说话”声时，爸爸妈妈要做出回应。
2. 噪声对宝宝的发育成长很不利。

本周焦点关注：婴儿纸尿裤

选择纸尿裤，要根据宝宝的体重购买合适的型号。过大容易出现漏尿，过紧会伤害宝宝肌肤。合适的纸尿裤，在宝宝腰部以可竖着放进两个手指头为宜，在腹股沟处，以能平放入一个手指为宜。

本周推荐小游戏

本周推荐玩“瘙痒游戏”。具体做法是让宝宝平躺，大人拉起宝宝的一只手臂轻轻摆动，摆动的时候可放些有节奏感的音乐，或者大人唱着儿歌，然后挠挠宝宝的腋窝或者小肚皮，看看宝宝会不会很兴奋地笑。这个游戏有助于提高宝宝的触觉敏感以及对节奏的感觉。

本周推荐食谱

新妈妈瘦身食谱：萝卜鲜虾

材料：草虾、红萝卜、白萝卜、柴鱼片、盐适量。

做法：

1. 草虾洗净备用。
2. 白萝卜、红萝卜分别洗净、去皮、切大块。
3. 锅中入水加入白萝卜、红萝卜及柴鱼片一起煮至萝卜熟烂后，再放入炒虾。

4. 待水滚后，加入调味料即可。

营养指导：热量低、高纤维，又有饱足感。此道菜是减重者的极佳选择。

土小豆第十六周成长周记：老听见妈妈的声音还不行

土小豆第十六周周记

最近我开始喜欢“说话”了！因为白天的睡觉时间比前段时间短了很多，这多出来的时间，总得允许我干点什么来打发时间吧！想像洋大芋一样看电视，可我的视力距离有限；想学土大豆上网，可那一堆东西总是让我头痛，有时候还会被那个方方正正的东西给吓一跳——那玩意儿居然会发出声音！因此，在玩手指玩得无聊了的时候，我就冒点不是很清晰的语音出来，一来二往的，我就喜欢上了这么说话，虽然我说的话洋大芋和土大豆都不怎么听得懂，但他们还是对我的牙牙学语表示出极大的欣喜，常常放下手中的事情来陪我说话。

相比土大豆，我更喜欢跟洋大芋说话。因为土大豆完全没有语言天赋，每次在我说话的时候他就跟复读机一样学我说话，我“嗯”一声他跟着“嗯”一声，我“呀”他也“呀”，太没有创意了，用奶奶的话说就叫鹦鹉学舌！而洋大芋不同，如果给她一整天时间什么都可以不做，她能够跟我说一整天的话而且绝不重复，什么讲故事、什么诗歌朗诵、什么儿歌，十八般武艺样样都来，就连吃饭，也会跟我汇报吃什么、味道怎么样，搞得我一看见她说话就内心愉悦。

今天我睡了个午觉，醒来之后只有土大豆在家，奇怪的是洋大芋却一直在我身边说话，虽然腔调怪怪的。她一定藏起来了，于是我手舞足蹈地扭着脖子到处找她！可是我怎么找都只听见她的声音看不到她的人。难道是土大豆嫉妒我喜欢跟洋大芋说话，就把洋大芋藏起来了吗？没关系，只要我一哭，洋大芋肯定会出来的，就这么定了！

于是我张开嘴巴就哭，补充一下，我现在还学会用哭的方式来表达我的不满，但是我是装的，所以一滴眼泪都没有呢，哈哈哈，我很厉害是不是？

咦，怎么只有土大豆跑了过来，而洋大芋还是藏在某个地方不停地说话，就是不出现。这太让人生气了，于是我决定假戏真做，真的哭了起来。土大豆一看我真的哭了，连忙惊慌失措地把我从床上抱了起来，我趴在他肩膀上一边哭一边继续寻找洋大芋的身影。

这时候门打开了，洋大芋终于出现了，她连鞋都没换就直接冲了过来，从土大豆手里接过了我抱在怀里，嘴里一直在跟我说话，咦，怎么刚才那个洋大芋的声音还在？难道有两个洋大芋？也就意味着我有两个“麻麻”？这简直太奇幻了！

我都来不及哭了，呆呆地看着洋大芋。

这时听见洋大芋非常不耐烦地让土大豆把录音机关了，土大豆赶紧屁颠屁颠地跑到床头柜前面，拿起一个黑色的小盒子，拨弄了一下，嘿，开始的那个洋大芋的声音没了！

哦，终于明白了，原来刚才洋大芋的声音就是从那个叫录音机的小黑盒子里面发出来的，因为洋大芋要出门，怕我醒来没人同我说话我会不高兴，就让土大豆录了她讲故事的声音在录音机里面，等我醒了就放给我听，让我以为她一直都在。结果他们俩低估了我的好奇心，想蒙混过关就这么失败了，哎，我可是个聪明的宝宝哦！

来吧，多哄哄我，不排除我会尽快消气的。

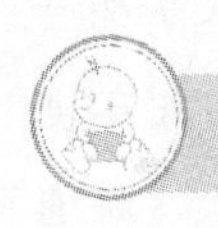

本周宝宝成长对比表

生理发展： 宝宝可以用小胳膊撑着自己，然后抬起肩膀和头	心智发展： 看着大人吃饭会感兴趣
感官与反射： 可以把玩具从一只手换到另一只手	社会发展： 被抓痒时会忍不住笑

本周应注意的小细节

1. 爸爸妈妈要注意定期给宝宝称体重，体重不增加或者宝宝精神不振，要检查宝宝是不是营养不良了。

2. 要经常给宝宝晒被褥和衣服，太阳是最好的消毒剂。

3. 宝宝开始认妈妈了。妈妈要是把宝宝交给保姆或者奶奶来带，需要一段时间适应噢。

本周焦点关注：妈妈上班

这个阶段，一般是妈妈产假结束上班的时候了，妈妈要注意调整心态，做好一连几个小时见不到宝宝的准备，适应上班的节奏。

单位离家近的妈妈，喂母乳还算方便。比较远的，妈妈只能将母乳挤好密封储藏在冰箱里了。因此，在妈妈上班前一两个礼拜，让小宝宝慢慢学会适应奶瓶。

需要注意的是，冰箱保存母乳，冷藏功能下可保存2～3天，冷冻功能下，可保存3个月，营养成分基本不会损失，宝宝可放心进食。

本周推荐小游戏

本周推荐“脚踏车”的游戏。方法是，将宝宝平躺在床上，大人双手握住宝宝的双脚，有节奏地循环交替移动宝宝的双脚，像蹬自行车一样。这个游戏有助于宝宝增进肌肉发展，并促进宝宝的新陈代谢。

本周推荐食谱

新妈妈瘦身食谱：清蒸茄段

材料：茄子、油、蒜泥、酱油、白醋适量。

做法：

1. 茄子对剖切长段，将油及水放入大碗中，将茄子放入碗内拌匀。
2. 将茄子取出排盘，覆上耐热胶膜入电饭锅或微波炉蒸软。
3. 沥干水分，蘸酱料食用即可。

营养指导：清蒸低油。茄子用清蒸，甜度不会流失，比水煮的效果好。

土小豆第十七周成长周记：我喜欢洗澡和游泳

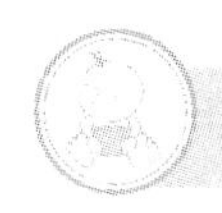

土小豆第十七周周记

每天晚上，土大豆和洋大芋带我散了步回来就要放水给我洗澡，每周还要带我游几次泳，这可是我最喜欢的事啦！

我有自己的大澡盆，上面还有个特舒服的浴床，每天晚上土大豆都会放好水，水位的标准是我躺在浴床上刚好后背能挨着水，不能太多，太多我的耳朵容易进水；然后土大豆会小心翼翼地用水温计测下温度，一般是38～40℃，不冷不烫；一切准备就绪之后，洋大芋会边逗我边快速把衣服给我脱个精光，然后把我放在浴床上，浴床有缓缓倾斜的角度，这样我的两只脚刚好泡在水里。

刚生下来的时候，每次洗澡我可紧张啦，每次都必须紧紧抓住洋大芋和土大豆的手，后来慢慢的胆子越来越大，再也不用抓他们的手，他们负责帮我洗，我负责手舞足蹈，一边吃手一边用力抬脚踢水，有时候会不小心把一旁的洋大芋或者土大豆给弄湿了，他们也不生气，还会咯咯笑呢！洗完之后土大豆会用柔软的大浴巾包着我，把我放在床上，洋大芋会帮我做抚触。抚触可真是舒服，洋大芋的大手温柔的给我抹上按摩油，然后开始帮我按摩，最开始还是奶奶手把手教她的呢，才开始的时候可是经常弄得我不太舒服呢！不过到了现在她已经完全得心应手，用土大豆的话说“那是非常的专业”。

再来说说游泳吧！

游泳基本上是一周三次，奶奶说坚持游泳对我的睡眠、肺活量和骨骼生长都有好处。我是什么都不知道，我只知道每次洋大芋都会在我脖子上套上一个五颜六色的泳圈，这样我一下水就不会沉下去，即使我懒洋洋的什么动作都不做，我还是浮在水上，真是很神奇呢！洋大芋给我买了个大泳池，光装水就会用去土大豆很多时间，水温会控制在37～40℃，据说是最接近羊水的温度，反正我是很喜欢这样不冷不热的温度。游泳之前洋大芋还要轻轻掰着我的手和腿做点运动，等我很精神了就把戴着泳圈的我轻轻放进泳池。大多数的时候一把我放到泳池，我就会在水里活蹦乱跳，用洋大芋的话说就是在水里跳舞。动几下就开始冒汗了，可是丝毫不影响我在水中游的不亦乐乎。游得累了，我就浮在水上什么也不做，很多时候看见我累了，洋大芋会帮我擦擦汗，然后在一边拍着手鼓励我，休息一下我又开始在水里欢腾了。

怎么样，我很能干吧！悄悄告诉你，不管是洗澡还是游泳，我可是从来没哭过的哦！

好吧，我要准备洗澡了。

本周宝宝成长对比表

新生婴儿体重、身高参考值： 男婴体重 5.6～8.7kg，身长 59.7～68.0cm； 女婴体重 5.0～8.2kg，身长 57.8～66.4cm	感官发展情况： 可以分辨气味了
生理发展情况： 趴着时，头可以抬到和肩胛成 90 度	心智发展情况： 爱发出新的声音
社会发展情况： 玩具被抢走会哭	

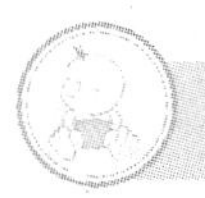

本周应注意的小细节

1. 宝宝还不能久坐，父母不要急于帮助小宝宝坐太久或者站太久。
2. 大人要抱起宝宝的话，不要直接抓住宝宝的臂膀拉起来。

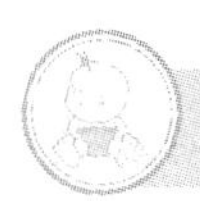

本周焦点关注：和宝宝对话

这个阶段，大人和宝宝应开始多对话交流了，因为宝宝开始牙牙学语，只要你发出声音，宝宝就会感兴趣，甚至会学，有时还会无意间发出“妈妈”“爸爸”的相似音。

本阶段，正是宝宝学习语言的好时期，爸爸妈妈多和宝宝说话吧，看到什么就跟宝宝说，多重复几次，也可以让宝宝用小手触摸下，充分感受，让小宝宝边感受语言，边认识事物。

本周推荐小游戏

本周，大人可以为宝宝买些彩色图案、质量过关的布书，宝宝看到后会很感兴趣，这个时候，妈妈可以帮助小宝宝翻阅，并用最简单的语言讲述每个画面。这样做，有助于提高宝宝的认知能力和发音能力。

本周推荐食谱

新妈妈瘦身食谱：鲜鲤鱼汤

材料：鲤鱼、酒、盐、生姜适量。

做法：

1. 鲤鱼洗净，去鳃及内脏，加滚水煮。
2. 水烧开，放入鱼、姜及其他调味料，转小火煮20分钟左右，至鱼熟。

营养指导：鲤鱼含丰富的蛋白质、铁质、钙质以及各类维生素。鲤鱼汤热量低，且可帮助促进乳汁分泌。

土小豆第十八周成长周记：我能拿到的东西都想放进嘴里

土小豆第十八周周记

两个多月开始我就喜欢吃手，最近我发现可以放进嘴里的东西还真不少。这一发现，把洋大芋和土大豆搞得一惊一乍的。

上周奶奶给我买了黄色的小鸭子，是游泳的时候给我放在水里的玩具，我戴着游泳圈才能浮起来，它可是什么都不戴也能浮在我身边。我观察了它很久，它就那么不哭不闹地浮在我旁边。看我很专心的样子，土大豆就把小鸭子递给我玩。玩啊玩的，我就往嘴里放，吓得站在一旁的洋大芋赶紧把小鸭子给我没收了。

打那之后，我开始抓着东西就往嘴里塞，洋大芋和土大豆的噩梦也就开始了。

先是各种小玩具。拿在手上玩着玩着我就往嘴里放，吓得发现之后的洋大芋哇哇大叫，于是我的看护级别骤然上升，不过虽然时刻都有人照看，但是也有百密一疏的时候，当我又一次被洋大芋发现，我的小玩具们就全部消失了，只有挂在床上的摇铃还在放着音乐。

于是我只好另寻目标，几番寻觅，终于发现手上戴着的银手镯上面有小铃铛，也可以放在嘴里玩，于是我没事就把铃铛含在嘴里，时不时还陶醉地发出点声音。不到十分钟，银手镯被一脸黑线的洋大芋给摘了下来。

尽管洋大芋和土大豆想方设法地让我不接触任何我可以放进嘴里的东西，可我还是让他们失望了，因为我身上还穿着衣服，睡觉的时候还搭着被子，实在没东西可以往嘴里塞我就含袖子含被子，就算被他们俩发现也不可能把衣服给我脱掉被子给我去掉吧！

几番斗智斗勇下来，洋大芋和土大豆伤透了脑筋，只好向奶奶求助。

下午奶奶就过来了，还给我带来一根跟我手指差不多长的小木头棒子，让洋大芋给我拴在手腕上。瞅着他们在说话，我以迅雷不及掩耳的速度将小木棒放进嘴里，津津有味地吃了起来。

咦，这一次怎么没见洋大芋尖叫着冲过来阻止我呢？再仔细一看，她居然和奶奶一起笑眯眯地看着我，难道这是个陷阱？哎，管不了那么多了，继续吃吧！

后来我才知道，奶奶带过来的是专门给宝宝含在嘴里的花椒棒，既能满足宝宝往嘴里塞东西的习惯，还能祛风呢！难怪他们破天荒的不阻止我，看来姜还是老的辣呀！

打从那以后，我想往嘴里塞东西洋大芋和土大豆就让我吃花椒棒子，而且就拴在我的手上，能帮我打发很多时间呢，不信，你也试试?

本周宝宝成长对比表

生理发展： 可以朝各个方向稳定地平衡头	心智发展： 会尖叫，会打呼噜
感官与反射： 会自己玩带有声响的玩具	社会发展： 能够靠发出声音来引起大人的注意

本周应注意的小细节

1. 宝宝爱把玩具吃进嘴里，因此父母要为宝宝准备安全可靠的玩具。
2. 爸爸妈妈可以开始锻炼宝宝自己拿奶瓶吃奶或喝水的能力。

本周焦点关注：婴儿夜啼

宝宝在夜间常会出现习惯性啼哭。究其原因，有以下几种：

1. 肚子饿了，只要在临睡前喂饱奶，就可以有效避免夜啼。

2. 白天运动量不足也会引起宝宝夜啼，最好能够带宝宝在外面玩 3 个小时左右。

3. 室内温度过高或过低、蚊虫叮咬、做梦等原因也会引起宝宝夜啼。

排除以上原因后，如果宝宝还在夜啼，就有可能是缺微量元素或者疾病的原因，应去医院检查下。

一般情况下，只要有舒适的环境、适当的饮食、适度的活动、健康的身体，宝宝就很少会有夜啼现象发生。

本周推荐小游戏

本周推荐“拉起”游戏。做法是，让宝宝平躺，大人双手轻轻握住宝宝手腕，慢慢将宝宝拉起为坐姿。这个过程中，宝宝一般会配合完成动作，然后继续慢慢往起拉，到站姿。最后慢慢放下。这个游戏有利于锻炼宝宝身体和双脚的平衡能力。

本周推荐食谱

新妈妈瘦身食谱：健康豆腐

材料：豆腐、豌豆荚、黑木耳、金针、姜丝、葱、花生油、蚝油、太白粉适量。

做法：

1. 豆腐切长条，以热水氽烫，金针用水泡开后，再用热水烫。

2. 豌豆荚、黑木耳分别切丝备用。热锅入油爆香，将姜丝及葱段放入后，分别将黑木耳、金针放入拌炒。

3. 放入豆腐、蚝油及少许的水，以小火焖煮约 5 分钟。

4. 起锅前再加入豌豆荚，并改以大火，略勾薄芡即可。

营养指导：豌豆荚、黑木耳有降低胆固醇的功效，并富含高纤维。

土小豆第十九周成长周记：我喜欢和朋友一起玩

土小豆第十九周周记

听洋大芋说了几天了，周末要带我去参加一个什么亲子活动，什么叫亲子活动啊？比赛亲吻自己的孩子么？虽然满脑袋的问号，可是我还是比较期待的。

到了周末，大清早洋大芋喂了奶之后又开始翻箱倒柜，拿出一件件衣服在我身上比比划划。她就是这样，每次要带我出门就要打扮我半天，太麻烦了。凭我这样的模样儿，就算什么都不穿，也是很有范的不是么？而土大豆早早收拾妥当了，还把我的湿纸巾、尿垫什么装了满满一大包，然后满脸堆笑地等着我们娘俩。过了很久，洋大芋终于把我打扮出来了，可是还不能马上出门，因为我又饿了。洋大芋赶紧给我喂奶，前前后后又折腾了半个小时，我们一行三人终于出门了。

出门才发现阳光真是很灿烂，没走几步我就浑身冒汗——洋大芋老喜欢给我穿得很厚，然后在我热的冒汗之后才给我脱掉，比如艳阳高照的现在，我从上到下依次是：帽子、小背心、长袖上衣、长裤、袜子，然后再被一个披风给裹住。出门不到十分钟，帽子已经给换了，披风和背心也脱掉了，呼呼，这才清爽嘛！

走了老半天，终于到了公园。洋大芋抱着我一下车就碰到钢炮哥和他的妈妈，好久不见的钢炮哥正在推车里面呼呼大睡，钢炮哥的妈妈一看到我就跑过来拍我的小脸，然后两个“麻麻”就开始不厌其烦地做比较。为什么不厌其烦，就因为每次洋大芋碰到别的“麻麻”都会跟人家比，比身高、比体重、比睡觉时间、比笑的次数，一样也不会少。有了比较之后又

开始交流经验，从喂奶的姿势到把尿的技巧，说的我在洋大芋怀里都不耐烦了，我们五个人才往公园里面走。

哇，有好多爸爸妈妈带着自己的宝贝，在一起说话聊天拍照。出生到现在，第一次看到这么多和自己一样大的小朋友，有在睡觉的，有在哭的，有在笑的，还有和我一样四处张望的，再看看那些爸爸妈妈们，清一色地拎着大包，里面装得鼓鼓的，奶瓶、尿布都像变魔术一样的从里面被翻出来，可是他们的脸可真跟天上的太阳一样灿烂。比如洋大芋，现在正抱着我摆各种造型，土大豆就负责在对面举着个小方块，不停地喊着“茄子”。

为什么照相都要喊“茄子”呢？

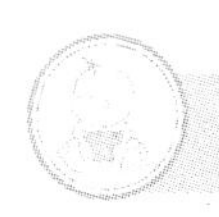

本周宝宝成长对比表

生理发展： 趴着时，可以抬起双脚和双手	心智发展： 能够发出一些简单字音
感官与反射： 会把东西塞进自己嘴里	社会发展： 要人抱时，会伸出双手

本周应注意的小细节

1. 宝宝到了出牙阶段，大人可以给小宝宝准备一个牙胶或磨牙棒之类的，让宝宝咬一咬。

2. 宝宝开始会辨别颜色，这个时候大人不妨给宝宝准备些各种颜色的布书，以提高宝宝的色彩辨别能力。

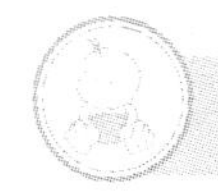

本周焦点关注：婴儿吃手

婴儿吃手现象，是小宝宝身心发育的必经过程。一般情况下，两三个月的婴儿开始会把自己的小手放在嘴里吸吮，这就表示宝宝的肢体神经支配已经日渐成熟了。等到了四五个月时，宝宝会把各种物品拿到嘴里吃。宝宝这是在通过嘴来分辨各种物品，从而认识不同的物品。这是宝宝认识世界的开端，这一举动也可以促进宝宝手眼的协调能力。

因此，婴儿吃手时，家长要做好宝宝小手和玩具物品的清洁工作。另外，玩具还要注意不易掉色、不要有尖角等，以免引起宝宝铅中毒或受到伤害。尤其不要让孩子接触到太小的物品，防止宝宝误将其吸入气管引起事故。

本周推荐小游戏

宝宝越来越喜欢与爸爸妈妈对话了。当宝宝跟你咿咿呀呀的时候，爸爸妈妈应模仿宝宝咿咿呀呀的声音，这个时候，宝宝就会停下聆听你的声音，等你停止发音后，宝宝又会模仿你刚才的声音。这预示着宝宝开始期盼与人沟通了。爸爸妈妈可以从简单的咿咿呀呀开始，渐渐地增加比较复杂的字与宝宝沟通。此期间，大人多与宝宝说话，有助于提高宝宝的语言发展能力。

本周推荐食谱

新妈妈瘦身食谱：双菇煮鸡肉

材料：鸡胸肉、金针菇、香菇、九层塔、太白粉、鸡蛋、蚝油、花生油、盐、酒、胡椒粉适量。

做法：

1. 鸡胸肉切细长条，加盐及酒，腌约20分钟，沾蛋液后再加太白粉。

2. 金针菇去除根部洗净，新鲜香菇洗净切片备用，九层塔亦洗净备用。

3. 热锅入油，先入鸡胸肉拌炒，再入金针菇、香菇及所有调味料拌炒，待熟软后入九层塔拌炒即可。

营养指导：热量低，味道佳。

土小豆第二十周成长周记：我认识照片上的妈妈呢

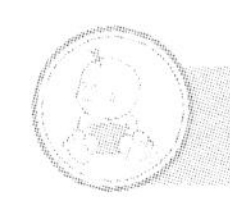

土小豆第二十周周记

洋大芋最近可有激情啦，每天都让土大豆在网上找一些游戏，进行筛选，选取适合我的，然后没事就趴在床上跟我一块玩。

在我心情愉快的时候，洋大芋把我平放在床上，双手轻轻握住我的双手，慢慢将我拉起，慢慢拉起为坐姿，放我躺下的时候，也是慢慢进行，就这么一来一往。一边玩儿还一边跟我说话："宝宝坐起来了～～站起来了～～坐下来了～～躺好了"逗得我咯咯地笑；有时候洋大芋带着我玩"脚踏车"游戏，所谓脚踏车游戏，就是把我平放在床上时，洋大芋双手握住我的一双小脚板，然后循环交替轻轻移动我的双腿，就好像蹬脚踏车一样，一边玩还一边唱歌给我听呢！

今天中午洋大芋又在翻箱倒柜，我以为她又要跟往常一样准备把我打扮一番带我出去玩了呢，结果她抱了一堆东西出来。

搞什么呢？

只见她先给我放好音乐，然后趴在我身边，拿了一张方纸片，然后告诉我这个叫照片。随后她把照片放在我能看得到的地方，指着照片上的人告诉我："宝宝看，这是妈妈！"说完还指了指自己。哇，怎么有两个洋大芋在对着我笑？

她又拿起另外一张照片，呀，上面是洋大芋和土大豆，洋大芋肚子圆鼓鼓的，土大豆正摸着她的肚子傻笑。真是的，少儿不宜呢！只听洋大芋给我介绍："宝宝你这个时候正在妈妈肚子里哦，圆圆的肚子里就是你在里面睡觉哦！"原来那就是我以前住的小房子啊，怎么是圆的呢？

接着她又拿起一张照片，上面有个皱巴巴的小宝宝，正裹在被子里睡大觉呢！这个是谁啊？太丑了太丑了！可是洋大芋说这个就是刚出生的我。怎么可能？看我现在这样人见人爱、花见花开、车见爆胎，怎么也和那个丑娃娃联系不起来。我摇了摇脑袋，发出“咿咿呀呀”的声音表示抗议，洋大芋，一定是你搞错了啦！

这时土大豆走了过来，他看见洋大芋正在教我看照片，立刻笑了起来：“你还真是不懂科学，宝宝才那么小，哪里认得到照片上的人啊？说不定连看都看不清楚呢！”

切，土大豆简直太小看我了，我已经快五个月了，我可看得清清楚楚的呢！

本周宝宝成长对比表

生理发展： 身体可以摇摆，晃动	心智发展： 有用手碰触或用嘴吸吮东西的意愿
感官与反射： 可以准确地伸手拿东西	社会发展： 会一边吃，一边玩

本周应注意的小细节

1. 妈妈多跟宝宝说话，讲故事或者唱歌，这个阶段宝宝爱听到妈妈的声音。

2. 温度适宜的话，少给宝宝穿衣服，以免阻碍宝宝翻身能力的锻炼。

3. 这个阶段，爸爸妈妈注意给小宝宝测试一次听力。

本周焦点关注：宝宝认生

爸爸妈妈要注意啦，从这个时期开始，宝宝会有“认生”的表现了。看到陌生人，尤其是陌生男性，宝宝会焦躁不安甚至哭闹，直到看到爸爸

妈妈才能稳定下来，变得开心起来。

这种现象在宝宝8～12个月期间表现最为厉害，以后会慢慢减弱。

爸爸妈妈要知道，宝宝认生是情感发展的必经阶段，也是宝宝发育过程中的社会化表现形式之一。宝宝认生程度与性格有关，内向、胆子小的宝宝，认生的情况会表现得比较严重；而性格外向、善于交往的宝宝，认生现象就比较轻。不过，随着宝宝年龄的增长，这些现象会逐渐好转起来。

本周推荐小游戏

本周推荐玩“爬行”的游戏。具体做法是，让宝宝趴在床上或者地毯上，然后爸爸妈妈在宝宝面前一截距离，对宝宝做表情，宝宝看到后会兴奋地爬向你噢。同样的游戏，也可以在宝宝面前准备一个颜色鲜艳的玩具，然后大人从后面用手掌轻轻推宝宝的脚底，宝宝就会向前缓缓移动，渐渐地，宝宝就会爬行了。

本周推荐食谱

妈妈瘦身食谱：凉拌海带芽

材料：干海带芽、枸杞子、金针菇、嫩姜丝、香油、麻油、盐适量。

食谱步骤：

干海带芽加水泡开，并用热水烫过捞出放凉。枸杞子入电饭锅蒸约5分钟，金针菇用热水煮软捞出。将所有材料加在一起拌匀，加入调味料即可。

功效：此道菜热量低、又有饱足感，且营养价值高，是产后妈妈瘦身的极好选择。

土小豆第二十一周成长周记：我会模仿爸爸吐舌头了

土小豆第二十一周周记

今天又给洋大芋和土大豆准备了个惊喜大礼包，让他们俩高兴得像中了奖。

事情的起因是刚睡醒的我被洋大芋放在床上，她自己去给我放音乐，还让土大豆过来帮忙照看下我。因为还没有睡醒，自然没什么精神，眼神也是定定的。因此无论土大豆如何逗我开心陪我说话给我唱歌我都保持不屑一顾的淡定表情，这可让土大豆很没面子，于是他使出浑身解数，吹拉弹唱手舞足蹈地想要博我一笑，可我始终不为所动。

来来回回半个小时，没把我逗乐反而逗得洋大芋在一旁哈哈大笑。土大豆彻底泄了气，准备回电脑前面继续埋头苦干。大概是想表达他内心的挫败感，临走时很无意地朝我吐了下舌头，结果这个无心之举反而得到了我的回应，我扭过头，轻轻地朝他吐了下舌头。

真是有心栽花花不开，无心插柳柳成荫。这可是着实吓了洋大芋和土大豆一大跳，因为在今天之前，压根就没有任何蛛丝马迹表明刚满五个月的我，居然学会了模仿。其实因为洋大芋和土大豆经常在我面前做各种动作，每次我都看得特别仔细，也特别想学，可是不知道为什么就是学不会。于是有时候我自己玩的时候就满脑瓜子地琢磨，有时候也自己学一学，所以呢，今天这么个动作一做出来可不是纯属偶然，简直就是厚积薄发。结果呢，我一薄发就把他们俩给吓得合不拢嘴了。

往后的半小时，就听到他俩围着我到处打电话，给爷爷奶奶、外公外婆、七大姑八大姨二舅三叔都给汇报了一遍我会模仿他们吐舌头的事儿，搞得像我做了多么惊天地泣鬼神的一件事，弄得人家都有些不好意思了！

好不容易放下电话了，估计已经把能打的电话都打了个遍的洋大芋和土大豆又一左一右地夹着我，朝着我各种鬼脸各种搞笑。往左，洋大芋嘟着个嘴；往右，土大豆在挤眉弄眼，俩人嘴里还不停嚷嚷着让我再学一个。真是的，当我是水管啊，拧开水龙头就有，水管不还有停水的时候么？我很不满意地蹬了蹬腿，皱着眉毛抗议了一声。

结果你猜怎么着？洋大芋和土大豆高兴地都快蹦起来了，他们说我终于学会和他们说话了！

哎呀，人家是在抗议是在生气是在发脾气呢！简直是有代沟。

干脆睡觉得了。

本周宝宝成长对比表

新生婴儿体重、身高参考值： 男婴体重 6.0～9.3kg，身长 61.7～70.1cm； 女婴体重 5.4～8.8kg，身长 59.6～68.5cm	感官发展情况： 会双手握住奶瓶
生理发展情况： 醒着时，长时间保持灵敏状态	心智发展情况： 新环境时，会左右张望
社会发展情况： 大人将玩具拿走后，宝宝会抗议地哭闹。	

本周应注意的小细节

1. 宝宝 5 个月了，体内抗感染物质在慢慢消失，宝宝自身免疫系统发育还未完全成熟，免疫力相对较低，因此，大人要特别注意为宝宝预防各种传染病。

2. 宝宝自己抱着奶瓶吃奶时，爸爸妈妈要注意宝宝不被呛到。

3. 可以慢慢锻炼宝宝学坐了。

4. 宝宝辅食的添加时间，视具体情况而定。如宝宝比较胖、早产或生病期间就要适当晚些时间添加了，爸爸妈妈也可以向保健医生咨询下。

本周焦点关注：婴儿贫血

宝宝在出生后4～6个月期间，生长发育速度特别快，由于饮食结构比较单一，在孕期阶段从妈妈体内获得的储备铁已经基本耗尽，因此，这个阶段，宝宝很容易发生贫血现象。

贫血是血液中的红细胞数目减少的状况，有时它被认为是缺铁所致。根据世界卫生组织的标准，6个月到6岁小儿血液中血红蛋白低于120克/升，即称为贫血。

婴儿贫血的表现多为面色苍白或萎黄、容易疲劳、抵抗力低等。

宝宝长期贫血会影响心脏功能及智力的发育，大人一定要及时采取措施。在宝宝4～6个月以后，如果妈妈的母乳不足，应当及时添加富含蛋白质的辅食，如蛋黄、配方奶、肉类等，预防宝宝贫血的发生。

本周推荐小游戏

爸爸妈妈在给宝宝洗澡时，不妨在浴盆周围放一些沐浴玩具，漂浮在宝宝身边，一边为宝宝沐浴，一边引导宝宝去抓漂浮的玩具，这个游戏会让宝宝沐浴的时候充满乐趣，还可以提升宝宝的抓握能力以及视觉追踪能力。

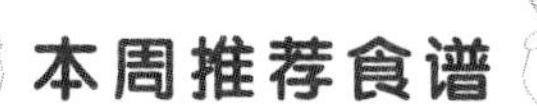

本周推荐食谱

宝宝食谱——胡萝卜泥

材料：胡萝卜、水适量。

做法：

1. 将胡萝卜切成片，放入锅中加水煮熟。
2. 将煮熟的胡萝卜捞出，放进大腕中碾成泥状，水放在一旁备用。
3. 往碾好的胡萝卜末加入少量的胡萝卜水，调匀即可。

营养指导：胡萝卜包含多种胡萝卜素、维生素C、B_1、B_2 等营养素，对宝宝营养不良、麻疹、夜盲症、便秘等亦有治疗效果。

土小豆第二十二周成长周记：用奶瓶喂奶也行

土小豆第二十二周周记

从这周开始，洋大芋和土大豆开始用奶瓶给我喂奶，因为洋大芋要去上班了，为了不影响事业，同时还要保障我有绿色安全的食物来源，洋大芋打定主意要做个“背奶族”。因为怕我到时候不适应奶瓶奶嘴，所以洋大芋提前半个月开始把奶挤出来装在奶瓶里喂给我吃，好让我逐步习惯。

可是，要养成一个习惯之前，先得改掉之前的一个习惯，多不容易啊！我先是怔怔地看着他们硬塞给我奶嘴，左摇头右摇头就是不吃，土大豆一看就急了，试图用奶嘴强行往我嘴里塞，我左右摇头使劲抵抗，眼泪就滚了出来——土大豆肯定不爱我了，要不怎么下得了这个黑手啊？想想都委屈。一旁的洋大芋是最见不得我眼泪的，一见我眼泪都给憋出来了，马上倒戈相向，让土大豆松手，还把满头大汗的土大豆狠狠地骂了一通。

第一次被强迫用奶瓶，经由我的有效抵抗，以失败告终。

第二天，洋大芋和土大豆蜷在沙发上商量了半天，一致决定再次对我“下黑手”，我听见土大豆煽动洋大芋在这次的行动中，摒弃以往的软弱宠溺和立场不坚定，在非常时期采取非常手段，帮助我养成用奶瓶吃奶的习惯。太让人生气了，而更让人生气的是洋大芋居然在这样的关键时刻是非不分，很是郑重地点了点头。没看错的话，他们俩还一起转过头来对着我诡异地笑了笑。

好吧，我只好再次拿起武器，保护自己，坚决不向恶势力低头。

土大豆拿着奶瓶又来了，洋大芋跟在后面，她一定猜到我已经知道他们的阴谋诡计，眼睛都躲着不看我，坏啊！和昨天一样，奶瓶一上来我就左摇右摆，坚决不含，可是铁了心的土大豆咬着牙用双手固定了我的脑袋，让洋大芋来喂我。我的头已经被土大豆钳制住，不能东摇西摆，而洋大芋拿着奶瓶就在我面前，我只好宁死不屈就是不张嘴，反正洋大芋又不敢硬把奶嘴往我嘴里塞，闭着嘴巴我就眼泪汪汪了，但是为了继续保持不张嘴的状态，我就闭着嘴巴默默流眼泪。这招更灵，我沉默的眼泪弄得洋大芋和土大豆完全乱了方寸，直到土大豆松开了手、洋大芋放下了奶瓶，我才开始放声大哭。

第二次被强迫用奶瓶，经由我的非暴力不合作，土大豆和洋大芋的同盟军再次以失败告终。

今天下午，洋大芋照例给我放了音乐，陪我在床上做“脚踏车”游戏，乐得我不计前嫌地咯咯笑。做完游戏，洋大芋又一边给我讲故事一边蹭我的脸，还假装要吃我的磨牙棒，我赶紧把磨牙棒塞在自己嘴里，生怕被她抢了去。见我这样，洋大芋来劲了，倒在床上和我抢着吃磨牙棒，一会塞我嘴里，一会又假装要塞在自己嘴里，逗得我可高兴啦！

玩着玩着，咦，我嘴里怎么含着一个软软的东西？难道磨牙棒化了？我疑惑地看着洋大芋，她正洋洋得意——原来不知道什么时候，洋大芋已经把奶嘴放在了我的嘴里。

第三个回合，以我放松警惕让洋大芋得逞。不过，奶嘴并没有我想象中的可怕，看在洋大芋这么费力，我也给她个面子，含着就含着呗。

就这样，吃软不吃硬的土小豆同志，也就是我，学会了用奶瓶喝奶，虽然刚开始还有些不习惯，不过我再没有哭过了。

本周宝宝成长对比表

生理发展： 可以朝各个方向转动	心智发展： 可以分辨出自己和别人的镜中影像
感官与反射： 靠着物品可以短暂坐一会	社会发展： 会发出声音表达自己的情绪

本周应注意的小细节

1. 多带宝宝去外面见人。见多识广的宝宝，通常会很聪明。

2. 宝宝喜欢把物品扔地上。爸爸妈妈不要阻止，这也是宝宝在认识世界的一个表现形式。

本周焦点关注：宝宝长牙

宝宝一般在出生后4～7个月开始长乳牙，两岁到两岁半出齐，共20颗。最先长出的乳牙是下面中间的一对门齿，然后是上面中间的一对门齿，接着按照由中间到两边的顺序发展。不过，有些宝宝的出牙顺序会有不同，也都属于正常现象。

在牙齿长出之前，小宝宝经常感到牙龈肿胀，从而导致其情绪烦躁或者睡眠不好。在出牙阶段，宝宝也可能会出现低热、流口水等症状。这属于宝宝出牙时的正常反应，爸爸妈妈不用太过于担心噢。

不过，爸爸妈妈可以为小宝宝准备个硅胶牙齿训练器，或者磨牙饼干，让宝宝含在口中咀嚼，这样可以减轻宝宝牙龈的不适症状，还能起到锻炼宝宝的颌骨和牙床的作用，使宝宝的牙齿萌出后排列得整齐。

需要注意的是，宝宝营养不足的话，有可能会导致出牙推迟或者牙质差的情况。因此，在宝宝出牙这个阶段，家长应该注意全面加强营养，尤其是适量添加维生素D以及钙、磷等微量元素，并时常抱着宝宝去户外晒太阳，这样有利于宝宝钙的吸收。

本周推荐小游戏

本周推荐家长跟宝宝玩“吹喇叭”的游戏，这个游戏会让宝宝十分开心。具体做法是，给宝宝洗完澡后，爸爸妈妈将嘴唇贴在宝宝裸露的肚子上吹气，发出“嘟嘟”的声音。这样做，会让宝宝觉得痒，再加上发出的“嘟嘟”声，非常好玩。这个游戏有助于提高宝宝反应能力以及触觉能力。

本周推荐食谱

宝宝食谱：牛奶红薯泥

材料：红薯适量，奶粉1勺。

做法：

1. 将红薯洗净去皮蒸熟，用筛碗或勺子碾成泥。
2. 奶粉冲调好后倒入红薯泥中，调匀即可。

营养指导：红薯含有大量膳食纤维，在肠道内无法被消化吸收，能刺激肠道，增强蠕动，通便排毒。配上牛奶后，富含多种微量元素，对宝宝生长发育和代谢调节非常有利。

土小豆第二十三周成长周记：我喜欢照镜子

土小豆第二十三周周记

我是个超级喜欢被抱在怀里的孩子，所以在我没有睡觉、吃奶、玩游戏的时候，洋大芋或是土大豆都抱着我在家里走来走去。这样可以感受到他们的体温，还能听到他们在我耳边跟我说话，多亲热不是？

最近我喜欢洋大芋抱着我去照镜子。刚开始我可不知道什么是镜子，每次都被洋大芋抱着去卫生间，完全不知道是要干吗。那时候人家多小，眼睛还看不到那么远，只是听到洋大芋在跟我说那是镜子。

后来逐渐能看得清楚了，我看到镜子里面有个长得胖胖的阿姨，抱着一个小孩正在镜子里对着我笑，那个小宝宝还在到处看呢！看的次数多了，我发现镜子里面的阿姨和洋大芋穿着一样的衣服。洋大芋在我耳边说话。她也在镜子里面抱着宝宝说话。更奇怪的是我一抬手；镜子里面的宝宝也跟着抬手；我一摇头他跟着摇头。我慢慢伸出手，想要和小宝宝握握手表示一下友好，可我一伸手他也伸手，吓了我一跳，当然他也吓了一跳，我张大了嘴的时候看见他也张大了嘴。

对于他一直在模仿我，我表示很生气，对着镜子一阵乱抓乱刨，结果被洋大芋及时制止。最后洋大芋才告诉我，原来镜子里面的就是我和她。然后她“吧啦吧啦”地给我解释了一大堆原理，可是我才五个多月，怎么听得懂啊？更何况我正在跟镜子里面的自己玩儿呢，根本就没工夫理她。

就这样，每天照镜子变成了这段时间我最喜欢的事儿了。

一睡醒，我就嚷嚷起来，洋大芋知道我是在呼唤她抱我起来；抱起来走几步，我又开始“咿咿呀呀”，洋大芋知道我是在呼唤她抱我去照镜子。

这样每天洋大芋给我穿什么衣服、打扮得好不好看，我都一目了然，完全摆脱了过去对自己一无所知、任人摆布的被动局面。

洋大芋给我换好衣服，她会带我去照镜子，如果我不满意，我就皱着眉头咿咿呀呀，她就会赶紧给我换另外一套；如果我满意，我就会“咯咯”地笑——今天，我看到洋大芋给我穿了件新衣服，上面全是小鸭子，跟我游泳时玩的鸭子一模一样，可好看啦！

我表示很高兴，满心愉悦地跟着洋大芋出门逛大街去了。

本周宝宝成长对比表

生理发展： 1. 不需要支撑就可以坐，有可能会突然往前倾，然后会用双手支撑住自己 2. 会用一只手去拿东西	心智发展： 1. 可以发出几个单音 2. 可以长时间凝视一件物品
感官与反射： 平躺翻为侧身后，自己几乎可以弯成坐姿	社会发展： 听到音乐会停止哭声

本周应注意的小细节

1. 如果还在夜里给宝宝喂奶，应注意减少夜间喂奶的量了。大多数宝宝在 6 个月后，可以整夜不吃奶。

2. 尽量少带宝宝去医院，因为有可能会被传染上一些疾病。

本周焦点关注：宝宝感冒

这个阶段的宝宝很容易感冒，一般是由于大人先患上感冒，过一两天后宝宝也可能感染到感冒的症状。

由于宝宝体内还有一些从母体中获得的免疫力，所以，即使感冒也不

易出现高热，一般只有37度多。症状多表现为打喷嚏、鼻塞、流涕、咳嗽、厌乳和食欲减弱等。一般情况下，宝宝并不会太痛苦，三四天后症状就会逐渐减轻。不过，在宝宝感冒的同时，有可能会出现腹泻症状，大便次数增加，但一般不会出现肺炎。

需要注意的是，在宝宝感冒期间，大人尽量不要给宝宝洗澡，避免再次受凉。注意多给宝宝喂水，以补充体内流失的水分。

本周推荐小游戏

本周推荐玩“小皮球”的游戏，大人可以准备一个小皮球，在宝宝情绪好的时候，妈妈将球滚向墙壁，然后皮球会反弹回来，宝宝会盯着皮球看，表现出好奇兴奋的样子。爸爸妈妈也可以拿着小皮球在宝宝面前慢慢上下拍，宝宝同样会盯着看，并且很欢喜。这个游戏有利于提高宝宝视觉追踪的能力。

本周推荐食谱

宝宝食谱：苹果胡萝卜泥

材料：苹果20克、胡萝卜100克。

做法：

1. 将苹果去皮，擦成泥状。

2. 胡萝卜同样去皮擦成泥状。

3. 将苹果泥与胡萝卜泥混合，用20毫升水调稀，放入微波炉中加热1分钟左右即可取出食用。

营养指导：苹果和胡萝卜均含有丰富的维生素和钙，对宝宝很有利。另外，苹果中含有苹果酸和柠檬酸，可以提高胃液的分泌，起到促进消化和吸收的作用。

土小豆第二十四周成长周记：我还是喜欢妈妈的怀抱

土小豆第二十四周周记

洋大芋这两天很奇怪，在家里都戴着个大口罩，把脸都快遮完了，只剩下两个眼睛。也不抱我不亲我的小脸蛋儿了，跟我保持十足的距离。即使是喂奶，也是先吸出来装在奶瓶里再让土大豆来喂我。总之就是一见我就躲得远远的，生怕碰到我的样子。

自我出生以来，洋大芋从来都没有这样疏远过我，该不会是不喜欢我了吧？经过认真思考，我觉得应该主动出击，重新获取洋大芋对我的爱。

我决定抗拒土大豆的怀抱。虽然我很喜欢被人抱着，可是只要土大豆一抱我，我就在他怀里扭来扭去以表达我的不情愿，并且四处寻找洋大芋，我必须要让洋大芋知道我希望是她把我抱在怀里。结果不太理想，虽然洋大芋看我这样有些着急，可是依旧站在离我八丈远的地方一动不动，最后以土大豆把我放在沙发上而告终。

我想，这应该是我表达不够到位的缘故。我开始各种哭闹以吸引洋大芋注意。给玩具，我不屑一顾；喂水，我含在嘴里然后给吐出来；喂奶，直接摇头，不吃不吃就不吃；最关键的是随时追逐洋大芋的身影，她往哪里走我就可怜巴巴地望着她的方向，“没妈的孩子像根草”的表情完全写在脸上。这一招比较见效，洋大芋略为所动，好几次都有些想要走向我的动作，可是不知道为什么她最后还是坚持站在一边，可是我看见大口罩上面的那双眼睛一直都看着我。

好吧，看来不拿出我的杀手锏，洋大芋是不会乖乖回来爱我的。

每天白天我会零零散散地睡上一会，加起来大概有 5 个小时左右。今

天我就不睡，土大豆一开始哄我睡觉，我就瘪着小嘴巴，眼泪汪汪地看着一边的洋大芋，时不时抽泣——这次我没有选择号啕大哭，万一洋大芋真的不喜欢我了，那我越哭她不是越不喜欢我？在这个时候，楚楚可怜应该更能挽回洋大芋的心。

结果自然不出所料，我呜咽了不到五分钟，洋大芋终于坐不住了，赶紧过来把我抱了起来。重新回到洋大芋怀抱里的我开始发动最后的总攻，眼泪还挂在脸上的我，伸出胖胖的小手抱住了洋大芋的脖子，停止了抽泣，一脸幸福的样子依偎着我亲爱的“麻麻”。

这下子洋大芋彻底投降了，抱着我一个劲给我道歉。

原来这两天洋大芋感冒了，因为怕传染给我，所以离我远远的，就是担心她的感冒会对我有影响。

哎呀，早点说嘛，我还以为她不喜欢我了呢！误会一场误会一场，不过还是验证了洋大芋对我的一片真心。

躺在“麻麻”怀里的感觉真好。

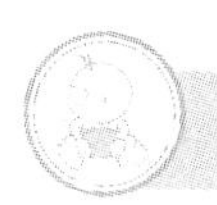

本周宝宝成长对比表

生理发展： 会抓着自己的脚玩	心智发展： 能够表现多种情绪
感官与反射： 可以操纵物品	社会发展： 听到大人叫自己的名字会扭过头

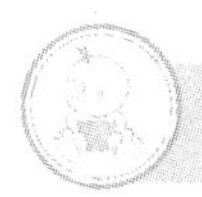

本周应注意的小细节

1. 不要让宝宝长时间地练习坐姿，避免宝宝的脊柱造成损伤。

2. 宝宝一般会流口水，勤擦拭，可以戴个围嘴，防止口水腌红宝宝下巴。

本周焦点关注：婴儿腹泻

腹泻是婴幼儿最常见的消化道病症，这个阶段的宝宝，正处于饮食过渡期，更容易出现生理性腹泻。具体原因有多种，比如：由纯母乳喂养改为混合喂养；添加辅食所致；断奶，完全换成配方奶粉。这些情况均会导致宝宝的胃肠道不适，从而引起腹泻。

不过，这种腹泻属于生理性腹泻，不是病，具体表现为：每日大便次数在8次以内，每次的量并不多；虽然不成形但含水分较少；可能会是绿便且含有奶瓣，没有明显臭味；宝宝吃奶正常，无腹胀腹痛，不发热，且精神好。

生理性腹泻，不要给宝宝乱吃抗生素类药物，以免引起宝宝胃肠道的菌群失调，发生疾病。

应对生理性腹泻，建议采用以下几种方法：

1. 若是母乳更换为配方奶导致，可适当减少配方奶量，稍微添加些米粉，或者更换一下配方奶粉。

2. 如果是给宝贝添加辅食所致，可减少辅食量或暂时停止添加辅食。

3. 服用鱼肝油也可能会引起宝宝生理性腹泻，这个时候需暂停服用。

本周推荐小游戏

本周妈妈可以和宝宝一起玩“读书”的游戏。如果妈妈的时间足够充裕，可以亲手为宝宝做一本柔软的故事书。准备各种材质、不同颜色的布料，剪出几块方形的布作为“书页”，再剪出一些图案，缝到书页上，在每页的左边打几个洞，用棉线绑起来，一本属于宝宝的书就大功告成啦。当然，爸爸妈妈也可以买一些布书，和宝宝一起玩。

在翻书的过程中，宝宝可以一边感受书的材质，一边听着爸爸妈妈对各种图案的讲解，是件很有趣的事。

本周推荐食谱

宝宝食谱：菜花粥

材料：菜花1小朵；牛奶2勺；米饭4勺；水1杯。

做法：

1. 将菜花切碎煮烂。

2. 将米饭和水煮沸后放入菜花泥和牛奶，文火煮至米烂。

营养指导：菜花的维生素C含量极高，不但有利于宝宝的生长发育，更重要的是能提高宝宝的免疫功能，促进肝脏解毒，增强宝宝体质，增强抗病能力。

土小豆第二十五周成长周记：我的自画像

土小豆第二十五周周记

我半岁了。

在此，想要啰唆地给大家重新介绍下我，因为承蒙洋大芋一直坚持母乳喂养，我长得飞快，刚出生的时候那个皱巴巴的我已经成为历史，因此我觉得有必要让大家重新认识一下我。

我，土小豆，目前和“麻麻”洋大芋、“粑粑”土大豆生活在一起，就像歌里唱的：“爸爸像太阳照着妈妈，妈妈像绿叶托着红花，我像种子一样正在发芽，我们三个就是吉祥如意的一家。”

现在隆重介绍一下自己，身高72cm，体重9kg，长相英俊，皮肤白皙娇嫩自带小酒窝，继承了洋大芋的大眼睛和土大豆的大长腿，喜欢喝水果汁，更喜欢洋大芋喂我的母乳；喜欢游泳池里的黄色小鸭子，更喜欢和洋大芋做游戏；喜欢听音乐，更喜欢听洋大芋和土大豆小合唱；喜欢做游戏，更喜欢看土大豆挨骂时候夹着尾巴做人；闲着无聊，喜欢啃磨牙棒，更喜欢玩手指头；睡觉的时候习惯做投降状，更喜欢洋大芋温暖的怀抱；走出门，我常常喜欢保持安静，更喜欢靠着土大豆“思考人生”。

我是我们小区里的明星，大部分碰到我的人都喜欢逗我。高兴的时候我会咯咯咯，不高兴的时候我会吱吱吱。洋大芋经常说我像只小老鼠，我照过镜子，我发誓绝对没有长得这么好看的老鼠。有时候我会装哭，但是通常这不是我情感的表达而是我在表明需求；有时候我会真哭，通常是因为我的尿不湿已经湿得一塌糊涂，或者洋大芋忘记给我喂奶导致我饿得肚子咕咕叫；我喜欢和“粑粑麻麻”斗智斗勇，不过大多数时候他们都会在智勇双全的我面前败下阵来；我喜欢和别的小宝宝互相打量，还喜欢照镜子，心情好的时候会主动摆出各种 pose 来供洋大芋和土大豆拍照。

我有良好的生活习惯，每天早上起来的第一件事就是卖萌装闹钟以唤醒洋大芋，第二件事就是拉臭臭。早在三个月大的时候我已经不再喝夜奶，这样保证了我们一家三口良好的睡眠质量。我已经学会了用奶瓶喝水，这样让洋大芋得以放心地当一个背奶妈妈。我喜欢每天都出去散步、每周最少要游泳两次，因此有强健的体魄。

一口气说了这么多，大家都重新认识我了吧？By the way，我讨厌每个月去做保健，因为要打针，而我可不愿意在一大堆宝宝面前哭鼻子，这太丢脸了！

说了老半天了，我累了，我得去睡觉了，虽然第一天上班的洋大芋一回家就抱着我亲个不停。

本周宝宝成长对比表

新生婴儿体重、身高参考值： 男婴体重 6.4～9.8kg，身长 63.3～71.9cm； 女婴体重 5.7～9.3kg，身长 61.2～70.3cm	感官发展情况： 玩弄玩具时更加自如
生理发展情况： 可以用小手把自己支起来，并短暂坐下片刻	心智发展情况： 看东西时爱颠倒着看
社会发展情况： 依赖妈妈	

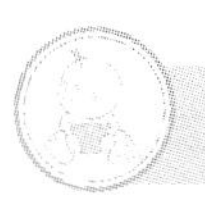

本周应注意的小细节

安全漂亮的婴儿餐具对小宝宝来说也很重要，爸爸妈妈不可忽视噢。

宝宝醒着时，大人可以将小宝宝放到空间较大的地垫上，让小宝宝尽情玩耍。

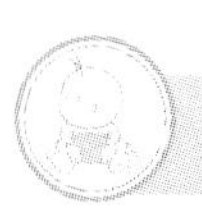

本周焦点关注：宝宝急疹

幼儿急疹是一种常见的病毒性出疹性疾病，多发于 6 个月到 18 个月之间，症状为迅速发热到 39℃至 40℃，宝宝无精打采。一般持续 3 到 4 天，会自行退热，然后，宝宝的头颈部和胸部会出现退热疹。

得了幼儿急疹，大人不要怕，这属于良性疹子，大多数情况下，不需用药，采取物理降温方式即可，注意多给宝宝喂水，多休息。

本周大人可以和宝宝玩“藏猫猫”的小游戏，大人藏起来一下，再出现在宝宝面前，如此反复几次，宝宝每次重新又看到大人，都会很开心地笑。这个游戏，有助于减少宝宝心理焦虑症状的发生。

本周推荐食谱

宝宝食谱——蛋黄菠菜土豆泥

材料：土豆100g，熟鸡蛋黄10g，菠菜25g，盐少许。

做法：

1. 将土豆去皮，洗净，切成小块，放入锅中，加入适量的水，待土豆煮熟后用汤匙捣成泥状。

2. 将熟鸡蛋黄捻碎。

3. 先将菠菜洗干净，再加入适量的水，用水煮熟后，切碎，用纱布过滤其汁。

4. 将土豆泥盛入小盘内，加入菜汁、熟鸡蛋黄和盐，搅拌均匀后即可食用。

营养指导：蛋黄中富含磷脂和脂肪酸，能够促进宝宝智力的发育。菠菜中富含丰富的胡萝卜素和铁，对宝宝的视力发育很有帮助。

土小豆第二十六周成长周记：我喜欢妈妈陪我玩

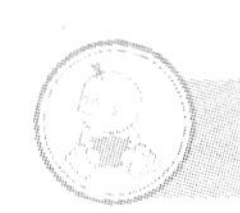

土小豆第二十六周周记

自从洋大芋回去上班了之后，每天换成了奶奶过来陪我。奶奶可比洋大芋熟练多了，喂奶、换尿布样样都快速精准，唯一不好的是奶奶不会像洋大芋一样陪我说话陪我玩，喂我吃饱了就把我抱在怀里让我睡觉，即使我精神倍儿好也一样，搞得我无聊透了，没事只好吃吃手、蹬蹬腿，吃饱了奶、睡好了觉，然后看着天花板等着洋大芋下班回家。

好不容易，终于等到洋大芋下班回家。听到她进门，我欢乐地翻了个身子，趴在床上等她过来抱着我。只听见她换衣服、洗手，然后踏着拖鞋就跑了过来，一把将我抱在怀里，亲亲我的小脸，又亲亲我的头发，然后双手放在我胳膊下面把我举起来，高过她的头顶，举上去又放下来，举上去又放下来，嘴里还跟着节奏给我念儿歌："小白兔，白又白，两只耳朵竖起来，爱吃萝卜，爱吃菜，蹦蹦跳跳真可爱"。

老实说，我是最喜欢这样的游戏了，洋大芋把我举起来的时候我也在与她互动，两条腿凌空晃动，她念儿歌、我的小肥腿就跟着打拍子，如果不出什么意外，玩一下午我都乐意。可是所谓悲剧，就是在错误的时间做了件正确的事情——玩了不到一分钟，我"哇"的一声吐了，而这个时候洋大芋刚好把我举过头顶，于是我也只好吐了她一头都是。

洋大芋，真是太不好意思了，你先不要着急，更不要急得都要哭了，其实我没什么地方不舒服，我吐成这样不过是因为五分钟前奶奶刚喂我喝了奶而已。

可是我不会说话呀，可把洋大芋急坏了，完全到了手足无措的地步。慌慌张张地找来口巾来给我擦嘴，还没擦干净又怕我呛着赶忙把我翻过来给我拍背，完全顾不上自己头上还顶着一摊白色呕吐物。

终于把我拾掇干净了，尽管奶奶一再解释只是因为我刚喝过了奶，还没有完全消化，被洋大芋一颠吐了出来，并没有什么大碍。可是受了惊吓的洋大芋看着奶奶轻轻把我放在床上就再也不敢抱我了，不管我怎样抗议怎样呼唤，她都十分紧张地在一旁看着我，就是不伸手抱我。天啦，这对等了她一整天的我来说，无异于晴天霹雳，几次三番之后，我终于失去耐心，委屈地放声大哭起来。

我这一哭，终于换来了洋大芋的拥抱，她把我抱在怀里，我就不哭了，很明显的，我听到洋大芋自己也长长地舒了口气。这就对了，我可不是个随时都会生病的宝宝，洋大芋你可不可以也不要是个随时都瞎操心的“麻麻”?

本周宝宝成长对比表

生理发展： 腿和脚的力量增强，基本可以坐着	心智发展： 自己会摇响玩具
感官与反射： 1. 味觉变得很强烈 2. 自己能抓住杯子把手	社会发展： 有点害怕陌生人

本周应注意的小细节

1. 尝试着教给宝宝一些简单的手语。
2. 为宝宝多准备些不同形状、颜色、材质的物品。

本周焦点关注：宝宝牙齿护理

宝宝开始长牙啦，乳牙的好坏，对宝宝以后的咀嚼能力、发音能力以及生长发育都很重要，爸爸妈妈应注意清洁，可以买专门的婴幼儿指套牙

刷，用温开水帮宝宝清洁牙齿内外侧面。需要注意的是，3 岁之前的宝宝，不要使用含氟牙膏，以免宝宝吃进去，影响身体发育。

本周推荐小游戏

本周大人可以跟小宝宝多玩些摇晃类的亲子游戏，宝宝喜欢被大人高高举起，喜欢大人晃动自己，这个阶段，爸爸妈妈最好放些音乐，或者边唱边和小宝宝互动，既培养宝宝的节奏感，又能丰富宝宝的语言能力。

本周推荐食谱

宝宝食谱：鲜虾肉泥

简单、方便、快捷、营养丰富的鲜虾肉泥不仅为宝宝提供一个很好的食谱，还减少了妈妈的辛苦，可谓是宝宝本周的最佳食谱选择。

材料：鲜虾肉 50g，香油 1g。

做法：

1. 将鲜虾肉泥用清水洗净，制成泥状放入碗中。
2. 在碗中加入少许水，放入锅中蒸成熟烂状。
3. 加入香油，搅拌均匀即可食用

营养指导：鲜虾肉中富含蛋白质、钙、铁、磷等，有补肾益气的作用。有利于宝宝健康成长！

土小豆第二十七周成长周记：家里的汽车上要有我的专用座椅

土小豆第二十七周周记

今天周末，洋大芋和土大豆都不上班。大清早就听到洋大芋一边打扫卫生一边跟土大豆商量要去买点东西把我的房间重新打扮一下。哇噻，又可以去逛大街了，这可是我最喜欢的事儿了。

一如既往地等了老半天，终于大包小包地出门了。土大豆开车，洋大芋抱着我坐在副驾的位置上。车刚开过了两个红灯，一个交警叔叔朝我们挥了挥手，土大豆赶紧把车靠在了路边。

交警叔叔走了过来，敬了个礼，然后指着我一脸严肃地批评了土大豆和洋大芋。原来，洋大芋抱着我坐在副驾的位置上是非常危险的，普通的一次紧急刹车或并不严重的碰撞事故对成人可能不会带来太大的影响，但对不满七个月的我来说却可能是致命的。虽然洋大芋有系安全带，可是汽车如果以50km/h的速度在行驶的过程中突然发生碰撞或刹车，车内的物体会产生30～40倍自身重量的冲击力，并且是突然发生的，即使是被洋大芋紧抱在怀里，我也会飞出去，头部和胸部将受到严重的撞击。

听得洋大芋和土大豆脸都绿了。

交警叔叔还特别强调，开车带我出门一定要为我准备符合我年龄使用的安全座椅；如果在没有安全座椅的情况下，让土大豆一定减慢车速，由洋大芋抱我坐到后排去，并且从小要培养我坐在后排的习惯，这样也可以在最大程度上减少潜在的危险。听得土大豆和洋大芋不停地点头。

真是的，就不能对我负责一点么？还是交警叔叔好！我扭头对着交警叔叔报以灿烂笑容。

洋大芋抱着我坐到了后排后，我们重新出发。洋大芋抱着我当机立断，临时改变了行程，指挥土大豆先去给我买安全座椅。经过认真比较和漫长选择，洋大芋和土大豆最终为我选中了一款适用于新生儿到15个月宝宝的专用安全座椅。座椅装有可摇摆的底部，还有把手，需要的时候还可以借给奶奶当做手提篮用，真是一举多得。

再次出发，我已经有专门的座椅了，安全感倍增。走吧，逛大街去了！

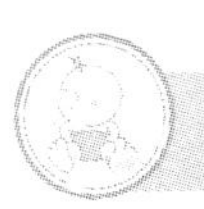

本周宝宝成长对比表

生理发展： 1. 头部平衡感好 2. 开始长牙	**心智发展：** 宝宝警惕性变高
感官与反射： 开始用手触摸身体	**社会发展：** 开始学会“认人”

本周应注意的小细节

1. 爸爸妈妈现在要注意为宝宝补铁哦，因为此时宝宝体内的铁开始渐渐流失。

2. 给宝宝一些他自己的空间，但是不要把他自己单独放在一边或较高的床上，以免宝宝玩耍时不小心摔下来。

3. 当宝宝趴着睡觉时要保证脸部周围没有遮住口鼻的物品，以免宝宝发生呼吸不畅的情况。

本周焦点关注：宝宝断奶

这个阶段，顺利的断奶对母子双方的健康有着非常重要的作用！

首先，宝宝断奶要选择合适的季节。夏季和冬季不宜断奶，秋季为断奶的最佳季节，这时的天气秋高气爽，水果和辅食供应丰富。在断奶期间，大人可以给孩子配一些奶粉和增加辅食让孩子适应其他食物的味道。在此期间减少母乳喂养，增加辅食和奶粉的喂养。这样妈妈的母乳分泌就会减少，最后，孩子就会逐渐接受奶粉和辅食。

本周推荐小游戏

本周大人可以和宝宝玩捡东西的游戏，把一些形状大小不同的玩具放在宝宝周围，引导宝宝去抓一些玩具，这个游戏有利于增强宝宝的小手灵活性和眼手的协调性。

本周推荐食谱

宝宝食谱：鲜茄肝扒

宝宝出生六个月后易发生贫血状况，这道菜中富含铁和维生素，是给宝宝补血的最佳菜肴。

材料：猪肝200g，紫心番薯100g，番茄2只，面粉50g，花生油500g，生抽、盐、糖、淀粉各少许。

做法：

1. 猪肝用盐腌制10分钟，用水清洗干净后切成碎末。

2. 番茄用水洗干净放入水中煮软，捞起去皮，压成泥状，加入肝末，面粉搅拌成糊状，加入去了皮的番薯用手捏成厚块，做成肝扒状。

3. 起火，待油热后把肝扒放入锅中，把两面都煎成金黄色。4. 番茄切成块状，放入锅中加上生抽、盐、糖略炒，将淀粉芡汁淋在肝扒上即可。

营养指导：肝扒外脆里嫩，口感好，并且含有丰富的铁和维生素，补血。

土小豆第二十八周成长周记：穿上纸尿裤就万事大吉吗

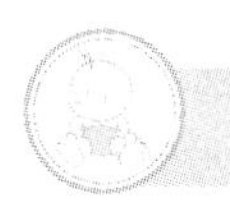

土小豆第二十八周周记

今天土大豆下班抱回了个大箱子，打开一看，全是洋大芋在网上给我买的东西。天气越来越凉，洗尿布本来就很辛苦，最关键的是不容易干，每天家里都挂满了正在晾晒的尿布。于是经过洋大芋和土大豆的紧急磋商，最终一致决定开始给我用纸尿裤。这不，在网上订了一大箱子。

在我嘘嘘之后，洋大芋开始给我穿纸尿裤。其实穿上还是蛮舒服的，软软地包在我的小屁屁上，包好之后两边往腰上一收，就像穿了条小内裤一样。见我没有不适应，洋大芋又开始和我做游戏了。

可是等喝完了奶，我就发现不舒服了。洋大芋给我扎得太紧了，肚子一饱，整个纸尿裤的端头就勒在我的肚皮上，动都不怎么能动。于是我就不时地用手去挠，等洋大芋发现的时候，我的小肚皮上已经勒出了一圈红印。

这可急坏了第一次给我用纸尿裤的洋大芋，赶紧叫来正在煮饭的土大豆。土大豆研究了半天，并参考网上的资料，给洋大芋列出纸尿裤攻略：首先将新尿裤打开，提起我的两条腿，将纸尿裤铺在我光滑的屁屁下面；

放下我的腿，将尿裤两端伸平，然后将另一端上折，粘贴；粘贴后，松紧要适度，以能容下洋大芋的1个手指为宜。还特别提醒洋大芋尿裤腰部的外边要向外折一下，不能盖住肚脐，以免尿湿后弄湿肚脐，引发肚脐的感染和不适。

洋大芋听后连连点头，重新用清水帮我清洗了小屁屁，然后严格按照土大豆的攻略重新帮我穿戴了尿不湿。

这下可舒服多了。

可是好景不长。一整个晚上，洋大芋和土大豆都沉浸在不用再洗尿布的喜悦中，完全忘记穿了纸尿裤并不代表我就不嘘嘘，等到我又一次哇哇大叫，洋大芋终于想起来摸一下我的纸尿裤，整个纸尿裤已经湿成一片——洋大芋啊，你这可是把我的小屁屁泡在尿里面老半天了啊！呜呜呜呜！

于是又是一阵手忙脚乱。哎，第一次穿纸尿裤的我一脸无奈地看着团团转的洋大芋和土大豆，真是哭笑不得。

本周宝宝成长对比表

生理发展： 宝宝会在房间里来回爬行	心智发展： 当宝宝看到婴儿照片是会以为是自己并开始发出声音
感官与反射： 会用手用力地抓东西，用嘴吸取一些食物	社会发展： 会开口学说话

本周应注意的小细节

1. 尝试着训练宝宝爬行。

2. 此时宝宝的抵抗力弱，在喂宝宝吃东西时不要用嘴巴直接给宝宝喂食物。

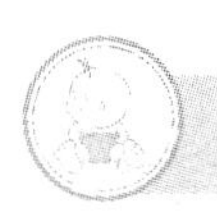

本周焦点关注：中耳炎

当宝宝哭闹不止或发烧时，妈妈要考虑宝宝是否患上了中耳炎。此症状是宝宝常常会感到耳朵刺痛，耳朵两侧会流出分泌物还伴随着感冒发烧，由于宝宝不会表达自己的想法常常会哭闹不休，不肯吃奶。大人应该带着宝宝去就医了，不要忘了提醒医生要检查一下耳朵哦！

本周推荐小游戏

本周大人可以和宝宝玩一些活动小手的亲子游戏，大人拿一些积木来诱导宝宝和你一起做搭建积木的游戏。把一块积木搭在另一块积木上，宝宝学着做相同的动作。当他成功时要记得给他爱的鼓励。这个小游戏既培养孩子的手眼协调能力，又培养孩子的耐心。

本周推荐食谱

宝宝食谱：西红柿鱼糊

材料：净鱼肉100g，西红柿70g，鸡汤200g，盐少许。

做法：

1. 先将净鱼肉放入开水锅内煮熟后，去除鱼刺和鱼皮。

2. 用开水烫一下西红柿，去皮，切成碎末。

3. 将鸡汤倒入锅内，加入鱼肉一同煮，稍煮后加入西红柿末，放入少许盐，用小火将其熬成糊状即可。

营养指导：西红柿鱼糊中富含蛋白质、钙、铁、磷和维生素等多种营养素，有助于宝宝的生长发育。

土小豆第二十九周成长周记：好喜欢趴着睡呀

土小豆第二十九周周记

自从学会翻身之后，有事没事我总喜欢趴着玩，洋大芋也经常趁着我趴着的时候训练我抬头，有时候玩着玩着就睡着了。每当这个时候，洋大芋总是把我翻过来让我仰卧，免得造成窒息。

可是随着我越来越能够自由翻动，有时候即使洋大芋把我翻了过来，我还是能在睡眠状态下自己翻过去，继续像只趴趴熊一样趴在床上呼呼大睡。在第N次被洋大芋发现并加以纠正后，我依然固执地喜欢趴着睡之后，洋大芋着急了，她怀疑是不是我的身体里缺少什么元素或者肚子里有虫，才导致我喜欢趴着睡。本来土大豆并不太在意我的睡姿，可听洋大芋说得多了，也开始有些担心。于是他俩一致决定，明天带我去医院咨询下医生。

第二天一大清早就被洋大芋抱了起来，候了半天诊终于排到了专家号；又排了老半天队，终于把我抱到了医生阿姨的面前。医生阿姨帮我做了个详细的检查，并询问了我的情况，最后告诉洋大芋不要担心，说趴睡只是各种睡姿中的一种。当我还在洋大芋的子宫内就是腹部朝内，背部朝外的蜷曲姿势，这种姿势是最自然的自我保护姿势，所以出生后的婴儿趴睡时更有安全感，容易睡得熟，不易惊醒。除此之外，趴睡还有利于神经系统的发育，能使我抬头挺胸，锻炼颈部、胸部、背部及四肢等大肌肉群，促进肌肉张力的发展。趴睡还能防止因胃部食物倒流到食道及口中引发的呕吐及窒息，消除胀气。最后，医生阿姨还对洋大芋交代，说我不会整个晚上都采取趴睡的姿势，我也会变换体位，只是没有成人变换体位的

频率高。我现在已经能够自由地转动头部和颈部了，即使俯卧时也会把头转过来，脸朝一边躺着，而不会把脸埋在床上或枕头上，所以不必担心趴睡造成窒息这样的情况发生。

洋大芋和土大豆听医生阿姨这么一说，悬着的心也就放下了，长长地舒了一口气。

回家的路上，我躺在安全座椅上，听着洋大芋和土大豆一直在进行批评与自我批评，洋大芋觉得是自己杯弓蛇影了，我有一点点的小变化她就疑神疑鬼觉得是我生病了；土大豆觉得是他自己耳根子软，本来开始都觉得很正常，可是每次听洋大芋一说就无法坚持自己的立场；洋大芋觉得土大豆没有起到良好的监督提醒作用；土大豆觉得洋大芋神经紧绷、搞得生活步步惊心；洋大芋觉得自己只不过是缺少经验；土大豆觉得自己只不过是寻求和谐……一轮批评与自我批评下来，洋大芋和土大豆严重偏题、迅速歪楼。

算了，我还是乖乖睡觉吧！

本周宝宝成长对比表

宝宝体重身高参考值：	生理发展情况：
1. 男婴体重 6.9～10.7kg，身高 66.2～75.0cm 2. 女婴体重 6.3～10.2kg，身高 64.0～73.5cm	会用手将身体撑起来，但不稳
心智发展情况： 1. 开始咿咿呀呀地学习说话 2. 开始明白自己的玩具只是短暂地不见	**感官与反射发展情况：** 会用双手抓东西
社会发展情况： 1. 对自己不喜欢的事情表示厌烦 2. 只喜欢和爸爸妈妈在一起	

本周应注意的小细节

1. 宝宝“长大”了，该有自己的小物品了。漂亮的喝水杯子更能吸引宝宝去使用。

2. 宝宝应该有自己的空间，让他自由的活动。

3. 要让宝宝养成一个好的作息习惯，记得午睡哦。

本周焦点关注：宝宝的睡姿

宝宝睡觉的时候是最可爱的了。但是现在宝宝的睡姿却让妈妈很头痛，宝宝趴着睡觉了。其实妈妈不用担心，这只是宝宝睡觉的一个习惯而已，等过了一段时间宝宝就又会回到仰卧的睡姿！

其实宝宝并不是一整晚都会趴着睡觉的，他也会挪动自己的身体变换睡姿。不会把脸埋在床上或枕头里，他会把头转向一边，脸朝着一边躺。所以妈妈不用太担心宝宝趴着睡觉这个问题，趴着睡有利于宝宝神经系统的发育。

本周推荐小游戏

本周我们来和宝宝玩水。其实每个孩子都很喜欢玩水，在宝宝洗澡的时候妈妈不妨和宝宝一起玩水吧。在宝宝的浴缸里放些塑料瓶，让宝宝用瓶子装水或用滴管往瓶子里装水，在玩的过程中宝宝会用小手去挤捏瓶子，宝宝不仅玩得很开心还能培养宝宝挤捏的动作哦。

本周推荐食谱

宝宝食谱：青菜粥

材料：大米300g，青菜30g，盐少许。

做法：

1. 将青菜洗净放入锅内煮软，切碎备用。

2. 将大米洗净，用水泡1～2小时，放入锅内煮30～40分钟，在停火前加入盐和青菜再煮10分钟即可。

营养指导：含有婴儿发育的蛋白质、碳水化合物、钙、铁和维生素C、E等营养物。

土小豆第三十周成长周记：我不是无缘无故扔东西的

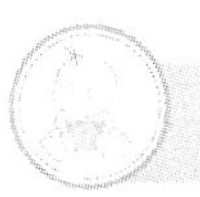

土小豆第三十周周记

洋大芋最近老说我是个坏脾气的宝宝，因为我老是喜欢摔东西。

这件事情上她没有冤枉我，只要有东西递到我手上，玩不到几分钟我就给扔了。可是具体问题要具体分析，因为我摔东西可不全是因为发脾气哦！不信你看，以下是我摔东西的几种心路历程。

第一种情况，希望得到关注。说着就来气，自从洋大芋开始上班之后，陪我的时间就少了，好不容易等到她回家了，也没有那么多时间陪我玩了，有时候还要加下班什么的。每当这样的时候，她总是喜欢拿些个玩具给我，然后就转身做自己的事情。这个时候我就比较生气了，当然希望她或者土大豆能够时刻关注到我，可我又不会说话，他们对我咿咿呀呀的声音已经免疫了，那我该怎么办，总不可能坐以待毙啊！所以我就把手上的玩具扔出去，刻意制造点声音，难道他们听不出，这可是土小豆我热情的呼唤呢，只要他们对我更关注一些不就行了吗？

第二种情况，自娱自乐。洋大芋最喜欢拿给我的玩具是个小球，只要一扔出去就会变大，所以我就喜欢扔出去，这样就可以看到它一秒钟变大球，这也是我玩要的一种方式，再说要是我会自己捡，我还不麻烦日理万机的二位了呢！还有那个穿花衣服的小熊，不是一扔在地上就会有音乐吗？难得我乖乖地不给洋大芋和土大豆添麻烦，好让他们有时间做自己的事情，怎么就不能理解人家的一番苦心呢？

第三种情况，宣泄坏情绪。虽说我年纪轻轻，可我也有喜怒哀乐，有人陪我我就高兴就开心，没人理我我就生气就郁闷，又不会说话，也没有洋大芋和土大豆爱玩的微博，那也得有让我发泄的方法吧！比如昨天，我的尿不湿都湿了很久了，可是粗心的洋大芋和土大豆还是没有发现，那我就小小地发下脾气，扔了洋大芋递给我的奶瓶，结果还被洋大芋抱起来讲了一筐的道理，哎，不会说话就是吃亏。

第四种情况，没拿稳。我才七个月大，我可不是一出生就力拔山兮气盖世的葫芦娃，塞个小球小娃娃之类的倒没什么问题，冷不丁地就塞给我一个大玩意，我可是吃奶的力都使出来了，拿不了多久就没力气，这可不是我给自己找理由啊！那奥运会的举重冠军，一样有举不起来的时候，何况我还是个小宝宝呢！

看吧，各种原因，怎么能给人家乱扣个帽子说我坏脾气呢？真让人生气！

“啪”越想越来气，我又把奶瓶给扔了。

本周宝宝成长对比表

生理发展情况：	心智发展情况：
1. 小身体很灵活，会翻身了	1. 自己的玩具消失时会去寻找
2. 对爬行很感兴趣	2. 喜欢和大人在一起做游戏

感官与反射情况： 1. 会拍打东西 2. 自己会玩一些物品且看着其他物品	社会发展情况： 1. 站在镜子面前会亲吻自己 2. 会大声尖叫引起别人的注意

本周应注意的小细节

1. 现在宝宝很顽皮哦，大人不妨给宝宝一些提示告诉他一些东西是不能当玩具的。

2. 宝宝要长牙了，脾气会很暴躁哦，妈妈要有耐心多哄哄宝宝。

3. 现在的宝宝是“人来疯”，喜欢人多的地方，大人可以带宝宝多到户外走走。

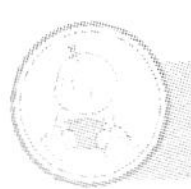

本周焦点关注：训练宝宝使用水杯喝水

宝宝多喝水有益于宝宝健康聪明，首先有一个漂亮的水杯很重要，大人不妨给宝宝选择一个较为鲜艳可爱的水杯，最重要的是宝宝要拿得稳哦，一个轻质小巧的水杯会让宝宝更容易接受些。

当宝宝对杯子熟悉后大人再训练宝宝用杯子喝水就容易多了，如果宝宝自己愿意拿着杯子喝就更好了。大人可以在杯子中放少许水，放在宝宝嘴边，慢慢往嘴里送，不要太着急以免呛着宝宝。如果宝宝不愿意使用杯子喝水，大人也不要勉强宝宝，现在宝宝还小，待宝宝再大些就会愿意接受使用杯子喝水了。

本周推荐小游戏

本周大人可以和宝宝一起下厨房，厨房里的锅碗瓢盆现在很吸引宝宝哦。大人可以和宝宝一起玩整理橱柜的游戏，以满足宝宝探索的欲望，让宝宝在“摸索”中成长。家长一定要把危险易碎的物品收藏起来以免伤到宝宝！

本周推荐食谱

宝宝食谱：鱼肉松粥

材料：大米50g，鱼肉松25g，菠菜25g，盐少许。

做法：

1. 将大米淘洗干净放入锅内，倒入清水打开旺火煮，再改小火将粥熬粘，熬烂。

2. 将菠菜洗净，用开水烫一下切成碎末让入锅中，加入鱼肉松、盐。再用小火熬几分钟即可。

营养指导：此粥富含蛋白质、碳水化合物、钙、铁、磷和维生素等，是给宝宝补充蛋白质和钙的最佳来源。

土小豆第三十一周成长周记：我好喜欢爬啊爬

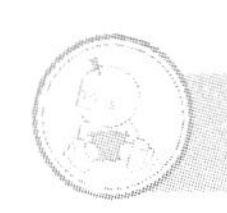

土小豆第三十一周周记

自从学会了翻身，无聊的时候总是喜欢自己翻来翻去地玩。这不，洋大芋还专门在客厅给我挪了块地方出来，给我布置了一个游戏区，又给我买了个爬行垫，放几个玩具在上面，然后让我自己在上面玩。

前几天洋大芋和土大豆一起陪我玩游戏，洋大芋在前面牵着我的手，土大豆在后面推我的脚。不过他们的动作很奇怪，洋大芋拉左手，土大豆就推右脚，洋大芋拉右手，土大豆就推左脚，这么一拉一推地玩着，我忽然发现我居然从爬行垫的最右边爬到了中间。我一脸不解地看着洋大芋，这怎么回事？我怎么越来越往前了呢？洋大芋这时候过来抱着我，告诉我她和土大豆在教我爬行，还说等我学会了就可以越爬越远。

于是我一下子就爱上了这个叫做爬行的新游戏。

玩的次数多了，洋大芋又开始变换花样。她让土大豆把我喜欢的玩具拿着站在爬行垫上，离我有一段距离，然后在我后面用双手掌抵住我的小脚掌，左右手分别用力，帮助我往土大豆的方向爬，等我爬到土大豆面前，土大豆就把玩具递给我，嘿嘿，他们俩还一起给我鼓掌呢！

太有成就感了，我可是个喜欢掌声鼓励的宝宝哦！

一连几天，我们都在重复玩这个游戏。有时候洋大芋也会偷下懒，停停手不给我帮忙，发了几次求助信号都无人响应之后，我就自己慢慢做动作，按照之前洋大芋带着我做的动作往前面挪，嘿，居然也爬了一小段距离呢！太开心了，于是没事我就跟个小毛毛虫一样在垫子上爬来爬去，虽然动作慢得像乌龟，可是我这一小步简直就是我人生的一大步。

今天洋大芋又带来了新玩意儿。她把放在我推车上的小席子卷成圆桶状，然后让我趴在席子上，将席子一边压在身下。她慢慢推动席子，我就随着席子的展开慢慢往前爬。为了让我玩得更开心，洋大芋还体贴地给我放我喜欢的音乐，土大豆就拿个摄像机围着我转，他说了要把这些给我录下来，等我长大了，当礼物送给我。

管他送什么给我，我就喜欢这么爬啊爬的，哈哈！

本周宝宝成长对比表

生理发展情况： 宝宝会独立坐稳	心智发展情况： 可以区分多和少
感官和反射发展情况： 1. 嗅觉很敏感 2. 眼睛会注意正在移动的东西	社会发展情况： 1. 对自己不喜欢的东西会不理睬 2. 会模仿大人的行为

本周应注意的小细节

1. 给宝宝提供一个独立的空间，让他自由活动，这样有利于宝宝提升自己的能力。

2. 宝宝已经长出小牙了，大人要时刻注意宝宝的嘴中是否有异物，以防吞食，危害宝宝身体健康。

本周焦点关注：训练宝宝爬行

宝宝喜欢爬行，大人可以给宝宝提供一个良好的爬行空间。妈妈拿一些宝宝喜爱的小玩具在宝宝的前方诱导宝宝爬行。在爬行时，宝宝的腹部一定要离开地面，避免损伤宝宝娇嫩的皮肤。

当宝宝爬行到目的地拿到小玩具时，妈妈一定要给宝宝一个爱的鼓励。在练习爬行时不仅锻炼了宝宝的四肢耐力，还能对宝宝日后的学习有良好的帮助。

本周推荐小游戏

本周大人可以和宝宝玩敲打的游戏，大人给宝宝准备一些铁勺和碟子，教宝宝用勺子敲打物品，这时家长也可以放一些轻松的儿童音乐，培养宝宝的节奏感。

本周推荐食谱

宝宝食谱：蛋黄豌豆糊

材料：荷兰豆100g，蛋黄1个，大米50g，盐少许。

做法：

1. 将荷兰豆去掉豆荚，放到搅拌机内，或者是用刀剁成豆茸。

2. 将鸡蛋煮熟捞起，然后放入凉水中，捞起去壳，取出蛋黄，压成蛋黄泥。

3. 将大米洗净放入水中浸泡2个小时。

4. 将泡好的大米和准备好的豆茸一起放入锅中约熬1个小时，当粥成半糊状时将准备好的蛋黄泥加入锅中约至5分钟即可。

营养指导：蛋黄豌豆糊中富含钙、维生素A、碳水化合物等，给宝宝补充足够的钙，有健脑作用。

土小豆第三十二周成长周记：我的头被碰痛

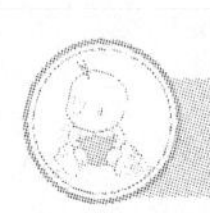

土小豆第三十二周周记

今天洋大芋要加班，奶奶也有事，照顾我的艰巨任务就落在了土大豆身上。

我的一日三餐，已经由洋大芋头天晚上就全部备好装在奶瓶中，并分别贴上标签放进了冰箱，土大豆只需要到点用温奶器加热后拿来喂我就行了；而嘘嘘这个问题就交给纸尿裤了，土大豆只需要随时关注，发现湿了就给我换下就行。临出门的时候，洋大芋还在冰箱上粘上了便利贴，上面明明白白清清楚楚地写着什么时候该干什么事情，因此土大豆只需要按照便利贴严格执行就行。

一上午都相安无事天下太平，该吃的时候土大豆就喂我吃，休息的时候土大豆就给我放音乐，一不小心睡着了土大豆就给我盖被子，纸尿裤湿了没多久他也能及时给我换，如果要打分的话，这个上午我可要给他打个 90 分。

下午睡醒了之后，土大豆抱我在爬行垫上玩，还给我放了一大堆的玩具，他自己也趴在垫子上陪着我，一会给我递玩具，一会给我拍照，一会给我唱歌，一会又陪我说话，一丝不苟、不辞辛劳地满脸堆笑，感动得我都想给他发个奖状了。

可惜这样温馨和谐的场景没能一直持续。

土大豆把我的小熊放在了爬行垫的最右边，然后鼓励我慢慢爬过去拿回我的小熊。于是我就趴着慢慢地往前挪，虽然爬得很慢但是却一直在保持前进的状态。正当我爬得来劲时，忽然听到一个奇怪的声音，呼啦呼啦的，我停了下来，四处张望，都没找到声音从哪来，等我好不容易转回

头，发现土大豆居然趴在垫子上睡着了。

原来是他在打呼噜，哎，真是个不靠谱的“粑粑”。看来，我只有自娱自乐了。

我扭过头继续往前爬，可是不知道为什么，路线出现偏移，一个不小心，我就爬出了爬行垫，朝沙发的方向爬了过去。爬呀爬的，我看见桌子上有个装了苹果的盘子，我也爬累了，干脆就攀着茶几，想去拿苹果。

呀，一个不小心，我的头碰在了茶几的角上，哇，太痛了！

在我凄惨的哭声中，土大豆猛然惊醒，赶紧跑过来把我从地上抱起来，还不停地安慰我。可是这时候哪里听得进去什么安慰，我脑袋上顶了个大包，自顾自地哭了个昏天黑地。

一直到晚上洋大芋回来，我还撅着小嘴生土大豆的气。

洋大芋终于回来了，听完土大豆的事件回放，立马就对土大豆进行了严肃的批评，还勒令土大豆马上给我道歉。

于是，我懒洋洋地躺在洋大芋怀里，看着土大豆声泪俱下地进行检讨。

哎，像我这样的宝宝，对什么事情都特别有好奇心，如果你们大人不仔细看管着，家里那些潜在的不安全因素就会随时随地地威胁到我们的。所以，请不要怪我们调皮，我们只是充满好奇，请多给我们关注，帮我们远离伤害。

土大豆，我宣布，你今天的表现不及格！

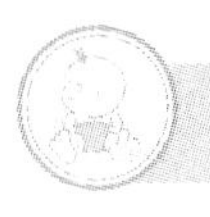

本周宝宝成长对比表

生理发展情况：	心智发展情况：
当宝宝的身体有依靠时，能够独自站立	1. 脑中可以回想到以前的事情 2. 可以自行解决一些简单的问题
感官与反射发展情况：	**社会发展情况：**
运动欲望强烈	1. 开始模仿别人的动作 2. 会利用大人获取自己想要的东西

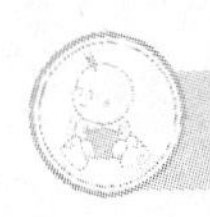

本周应注意的小细节

1. 当宝宝睡着时，妈妈一定要记得给宝宝盖好被子，避免宝宝着凉。
2. 宝宝此时爱流口水，妈妈不必担心，这些有可能和宝宝长牙有关。

本周焦点关注：宝宝家居安全

温馨的家是宝宝快乐成长的源泉。家庭中的一些家具也可能存在着一些安全隐患，大人应把家里的一些危险易碎的物品藏好，避免伤到宝宝。家里的锐角区域，大人应用海绵将其包裹起来。家里尽量不要放一些毛茸茸的东西，以免宝宝将棉絮吸入口腔中造成窒息。一定要给宝宝创造一个良好的生活空间。

本周推荐小游戏

本周推荐大人和宝宝玩敲打的亲子游戏，大人拿两块积木在宝宝面前做敲打动作，可以鼓励宝宝试着模仿大人的动作。大人还可以和宝宝玩互动传递积木的游戏，这样既锻炼了宝宝的手臂力量又能提高宝宝的听觉能力。

本周推荐食谱

宝宝食谱：南瓜拌饭

材料：南瓜100g，大米50g，白菜叶1片，盐少许，食油和高汤适量。

做法：

1. 将南瓜去皮，切成碎粒。

2. 大米洗净加高汤泡后放入电饭煲，煮沸后加入南瓜粒，白菜叶熬烂，加入少许油和盐调味即可。

营养指导：富含各种维生素A、维生素B_1、维生素B_2、维生素C、胡萝卜素及蛋白质，有驱除蛔虫、绦虫之功效。

土小豆第三十三周成长周记：我成了家居安全的保护对象

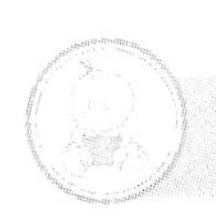

土小豆第三十三周周记

自从上周意外受伤之后，洋大芋为避免类似看护出现纰漏的情况再度发生，冥思苦想了一个星期，制定了一系列全新安全条例，并抱着我组织监督土大豆进行了为期三天的认真学习。

以下节选了洋大芋让土大豆重点学习的安全条例：

1. 给土小豆冲奶粉的时候一定要事先测试水温，以免烫伤，切忌光凭目测或者主观臆断。

2. 对土小豆有可能造成危险的物品要放在土小豆拿不到的地方，切忌随手乱放。

3. 插座插销不要让土小豆接触到或者直接关闭电源，避免引起土小豆的强烈兴趣。

4. 不让土小豆一个人留在沙发或者床上，实在没有办法的时候可短时间地将土小豆放在爬行垫最中间并迅速返回，不得延误。

5. 大量购买质地优良的防撞角，对家里所有的桌角、家具拐角进行防撞处理和包装。

6. 每天对玩具进行清洗和消毒，并检查玩具零部件是否有脱落现象，避免土小豆误吞造成窒息。

以上为安全条例，所有家庭成员尤其是土大豆应全面、彻底、无条件地执行，不得有误，并无条件接受洋大芋的不定期检查，作为个人考核的标准，并与生活费挂钩。为使本条例得以认真地贯彻执行，特补充制定赏罚条例如下：

1. 连续一个月未出现考核不合格，得到一个积分，连续获得并累计得到六个积分，可在原有月度生活费基础上，得到现金奖励100元以及检查人员香吻一枚。

2. 出现考核不合格的情况，罚款为本月生活费的50%，本月不够下月来凑。

3. 罚款可累计直至还清为止。

4. 若出现考核不合格的情况，一个月不得打网络游戏（含手机游戏）。

5. 若出现考核不合格的情况，包揽全家脏衣服一个月。

6. 考核人如果得到奖励，务必戒骄戒躁，要懂得分享及感谢；考核人如果受到惩罚，不得有任何怨言，要用实际行动表现出重新做人的信心和决心。

话说当土大豆认真学习了安全条例之后，泪流满面地表示虽然有些不平等，但是鉴于自己犯错在先，且我的安全问题也必须引起足够的重视，因此对该条例表示无异议。最后在洋大芋的要求下，土大豆郑重其事地在打印好的条例上签上了自己的名字，还盖了鲜红的手印！

看来，我的安全问题已经上升成为我们家的头号大问题了，土大豆你一定要加油哦！

本周宝宝成长对比表

八个月宝宝体重，身高参考值：	心智发展情况：
1. 男婴体重7.1～11.0kg，身长67.5～76.5cm	1. 对简单的指会可以理解
2. 女婴体重6.5～10.5kg，身长65.3～75.0cm	2. 学会摇头说“不”

感官与反射情况： 会用手捡起自己想要的小东西	生理发展情况： 被抱成站姿时会双腿交叉
社会发展情况： 1. 喜欢自由 2. 伸出双手让自己喜欢的人抱	

本周应注意的小细节

1. 宝宝爱动，大人对宝宝的看护要更加用心。
2. 对宝宝每天的进步大人要给予爱的鼓励。

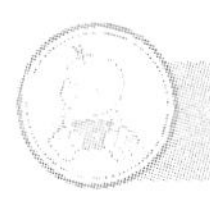

本周焦点关注：为宝宝选择合适的玩具

玩具是宝宝最好的玩伴，大人为宝宝选择一个安全性能较高的玩具是宝宝成长的关键，大人为宝宝选择玩具时一定要看合格检测证。

宝宝在三岁之前应由父母做主为宝宝挑选一些能够开发宝宝潜质的玩具，培养宝宝的动手能力。多种多样的玩具能够提升宝宝在各个时段的发展水平。

本周推荐小游戏

本周大人可以和宝宝玩一些拉绳游戏，宝宝喜欢探索这个世界。大人可以将绳子系在玩具上，将绳子的一端放在宝宝能够接触到的地方，示意宝宝去拉绳子。宝宝成功拿到玩具后，大人记得给宝宝爱的鼓励，宝宝会有成就感！

本周推荐食谱

宝宝食谱：草莓麦片粥

材料：麦片50g，草莓10g，婴用蜂蜜少许。

做法：

1. 锅内加水，旺火烧沸再加入麦片煮沸3分钟。
2. 将草莓洗净，去蒂将其捣成泥状。
3. 将草莓放入沸粥中将其煮沸晾凉，加入蜂蜜即可。

营养指导：香滑可口、易消化的草莓麦片粥富含蛋白质、脂肪、钙、磷等维生素，能很好地保护宝宝的皮肤，促进宝宝新陈代谢，增强免疫力。

土小豆第三十四周成长周记：我不是小玩偶

土小豆第三十四周周记

前面已经说过，从出生开始，洋大芋一直坚持对我进行音乐的熏陶，每天的音乐时间是雷打不动的。随着我慢慢地长大，音乐的类型也开始日益丰富。前些日子除了钢琴曲更多地让我听一些有节奏的音乐，这不，最近我可是迷上了 Lady gaga 的歌，随着音乐我还可以照着节奏不停地摆动呢！

不得不佩服洋大芋是个很细心的“麻麻”，当她发现我可以跟上节奏摆动作的时候，迅速为我挑选了合适的音乐，并跟着音乐帮我设计了能和音乐节奏合在一起的动作。于是，在洋大芋的连续训练之后，几乎不用怎么修改，我的动作已经能够和音乐配合得天衣无缝。

洋大芋高兴极了，先带我在土大豆面前表演了两次，得到了土大豆的高度赞誉。这个表扬可是全面激发了洋大芋的创作激情，她一口气给我编了三套健身操，没事就放着音乐带着我摇手蹬腿。经过近一周的训练，洋大芋决定带我出场，给全家老小表演一下。

于是，爷爷奶奶外公外婆姨妈姑爹，全家大出动。等我一个午觉睡了起来，家里一派热闹，简直是人头攒动。

一见我睁开眼睛，大家全都围了上来，各种笑脸轮番在我面前轰炸，还有人举着相机对着我一阵乱拍，搞得我都有些不好意思，连忙用手捂着脸。

这时，喜滋滋的洋大芋走过来，同往常一样把我抱起来放在了爬行垫上，然后开始帮我热身，并不停地告诉我她要带我做操了。

音乐跟过去一样响了起来，可是我没有动。洋大芋赶紧停住音乐，把我抱在怀里好言好语地做思想工作，还亲了我两大口。随后又放下我，开始放音乐，我眼睛定定地看着正在强势围观我的人们，完全忘记了该怎么做动作。

几次三番之后，洋大芋脸色不好看了。她换了种方式，拉着我的手开始带着我做操，可是人家完全没状态嘛！被她扯着动了几下，我就开始发脾气了。

洋大芋尴尬极了，我的不配合完全在她的意料之外，看样子都快要哭了。

其实，我真不是当着一大家人的面故意捣乱，可是洋大芋同志，你忘记人家刚睡醒也就算了，你还忘记了人家没换纸尿裤，最关键的是高兴过了头的你，居然忘记还没有给人家喂奶！

又饿又湿的，那还让我怎么配合您得瑟啊？

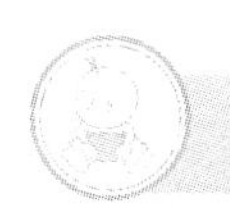

本周宝宝成长对比表

生理发展情况：	心智发展情况：
1. 在椅子上能独自坐稳 2. 找到支点能够拉扶着站立起来	记忆力逐渐增强

感官与反射发展情况： 对大的玩具感兴趣并开始对他们进行操作	社会发展情况： 1. 会自己动手拿食物吃 2. 喜欢在父母身边玩耍

本周应注意的小细节

1. 宝宝的眼睛应该避开电视、电脑等，避免伤害宝宝的眼睛。

2. 宝宝的动手能力开始增强，大人可以教宝宝自己动手吃一些东西。

3. 此时宝宝对吃很感兴趣，在玩耍时宝宝的周围应避免有小件物品的放置，以免宝宝误食，给宝宝造成伤害！

本周焦点关注：给宝宝喂药

当宝宝生病时给宝宝打针、吃药成了父母头疼的事，宝宝痛在身，妈妈疼在心。

妈妈掌握一些喂药的小技巧还是很有必要的哦。如：妈妈可以将自己的手去蘸一些药水放入宝宝口中，让宝宝吸吮妈妈的手指，直到宝宝乖乖地把药吃完为止。宝宝吃完药后妈妈要给宝宝一些安抚，和他做游戏可以更快地让宝宝忘记哭闹。

本周推荐小游戏

本周大人可以接着上周的游戏和宝宝玩此类的亲子游戏，让宝宝体会事物之间的联系。如宝宝爬到高处去拿更高的玩具或借助其他物品来拿距离自己较远的东西等。既培养宝宝遇事应变的能力，又可开拓宝宝的视野。

本周推荐食谱

宝宝食谱：骨汤烂面条

材料：面条一小把，香菇一个，青菜3根，骨汤一小瓶，蚝油少许。

做法：1. 将面条掰成小段，青菜洗净切碎，香菇洗净切成小丁。

2. 将骨汤倒入锅中，加入少许水煮开。

3. 加入掰成段的面条和香菇丁煮至软。

4. 加入准备好的青菜和少许耗油调味即可。

营养指导：面条中的主要成分蛋白质、脂肪、碳水化合物等易消化吸收，有改善贫血、增强免疫力、平衡营养吸收等功效。

土小豆第三十五周成长周记：不用对我的头发大惊小怪

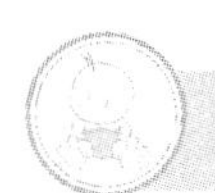
土小豆第三十五周周记

都快九个月了，我可是不停地长肉、不断地长高，完全对得住洋大芋每天辛苦喂的奶。可是不管怎么长，到现在我的头发还少得可怜，稀稀拉拉几根黄毛，脑门上一溜光，晃眼一看，跟那荷兰队踢球的罗本似的。

刚开始的时候，洋大芋和土大豆可都没把这当回事，反正我长得壮，每个月去做儿童保健都能得到医生的高度赞扬，也就没人想得起关心我头顶那几根随风飘零的头发。

昨天傍晚，洋大芋带我去小区里散步，遇到两个跟他们一样抱着宝宝散步的妈妈，于是三个妈妈就把包括我在内的三个宝宝抱在一起开始讨论育儿经。两个阿姨都夸我长得好，又摸我的腿又捏我的脸的，夸得洋大芋都快孔雀开屏了。正当洋大芋同志还在云里雾里升腾的时候，阿姨甲轻轻揭开了我的帽子："咦，你家宝宝的头发剃过吗?"洋大芋摇摇头："没有啊！从生下来到现在从来都没剃过呢!"阿姨乙也凑了过来："哟，那你家这孩子头发也忒少了点啊！去检查过没有，是不是缺什么东西啊?""就是就是，得要去检查一下，现在的孩子啊，这一不小心缺了点什么又没有及时补充，以后影响可大了!"她们俩你一言我一语，我一回头，洋大芋脸都绿了，先前趾高气扬的样子早已不见踪影。

一回到家，洋大芋赶紧抱着我在镜子前面翻来覆去地照。其实也不怪洋大芋疑神疑鬼瞎操心，但从遗传因素上看，我们家三代以内的亲戚个个头发一大把，有时候还嫌多；洋大芋，去理发店烫个头发还会因为头发多被加价；土大豆，虽然长期不怎么打理头发但也长得那叫一个郁郁葱葱，可再看看我，脑袋在灯光下直冒光，跟个大灯泡似的。

等到土大豆加班回家，洋大芋连忙拉着他开始紧急磋商。半个小时之后，两人一致决定，明天带我去医院问个明白。

今天大清早两人就请了假一起带我去了医院，当把情况告诉医生之后，医生笑着告诉洋大芋和土大豆，说一岁以内，宝宝的头发好一些、差一些、密一些、稀一些，大多数都是正常现象，家长无须多虑，宝宝的头发稀不能完全代表营养不良或缺少微量元素。经医生给出这么一个专业的结论，洋大芋和土大豆松了口气。

回家的时候，在门口碰到了来看望我的外婆，听洋大芋说起头发少这事，外婆笑弯了腰，连忙从包里拿了一本相册给洋大芋和土大豆。原来，外婆在家整理了一些洋大芋小时候的照片，有几张跟现在的我简直是一个模子刻出来的，今天过来看看我就顺便拿过来给我们看。

其中有一张黑白照片是洋大芋八个月的时候照的，哇噻，圆脸上堆满了肉，跟我还真是像呢！最关键的是，那时的洋大芋，也有一个直冒光的、跟个大灯泡一样的脑袋瓜子，上面头发也是少的跟没有似的。

搞了半天，我不长头发的罪魁祸首是洋大芋啊!

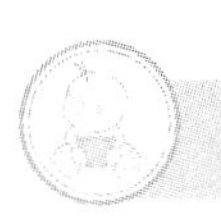

本周宝宝成长对比表

生理发展情况： 1. 会边玩耍边爬 2. 在爬行时会自由转换方向	心智发展情况： 会找到被藏起来的玩具
感官与反射情况： 会拿东西敲打	社会发展情况： 1. 会使用杯子喝水 2. 对自己喜欢的玩具比较感兴趣 3. 开始模仿大人的一些声音

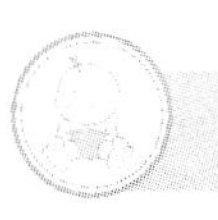

本周应注意的小细节

1. 大人多跟宝宝互动既增强了和宝宝的亲密关系，又丰富了宝宝的语言能力。

2. 多带宝宝到户外活动，开阔宝宝的视野。

本周焦点关注：异物隐患

宝宝处于口欲期，大人要特别注意了。当宝宝在玩耍时，如将一些异物放入口中若不慎进入气管中，会呛着宝宝，造成呼吸困难，甚至导致窒息。大人在喂宝宝一些食物时切忌和宝宝边吃边玩或让宝宝躺着吃东西，以免异物进入宝宝气管中发生意外。

大人在给宝宝喂食物时要避免颗粒状的食物，如果宝宝在玩耍时将玩具或异物放入口中，大人要及时让宝宝低头弯腰拍打宝宝后背，让宝宝将异物吐出来。三岁之前的宝宝还没有安全意识，大人要高度重视，防患于未然。

本周大人可以和宝宝玩认识事物大小的游戏。如：大人拿出两个大小不同的玩具放在宝宝面前，教宝宝认识哪个是大哪个是小，反复教几次宝宝就会理解大小了。

本周推荐食谱

宝宝食谱：肝末鸡蛋羹

宝宝在长他的小身体，防止宝宝贫血，肝末鸡蛋羹是最好的佳肴。

材料：鸡蛋一个，鸭肝一个，香油适量。

做法：

1. 鸭肝煮熟切成碎末。
2. 鸡蛋去壳取出蛋黄，加入适量温水打散，放入鸭肝末。
3. 放入锅内开火蒸 7 分钟左右。
4. 蛋羹蒸好后，滴上香油即可。

营养指导：本道菜口感非常软烂，富含蛋白质、钙、磷、铁、锌及维生素 A、维生素 B_1、维生素 B_2 和烟酸等多种营养素，尤其以铁和维生素 A 的含量较高，既能营养大脑，满足孩子对铁的需要，又可防治贫血。

土小豆第三十六周成长周记：把奶嘴还给我

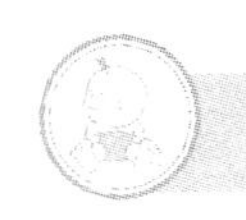

土小豆第三十六周周记

大概是从半岁左右开始，洋大芋和土大豆就逐渐给我添加辅食，从刚开始的水果汁蔬菜汁到后来的蛋黄菜泥，到这个月，洋大芋给我准备的食物明显要比之前粘稠了许多，喂奶的次数也减少到3次。可是我一直都喜欢含着奶瓶，于是洋大芋给我准备了个安抚奶嘴。

但是，就因为一个小小的安抚奶嘴，奶奶和洋大芋还闹了老大一个不高兴。

当洋大芋第一次把安抚奶嘴递到我嘴边，我瞬间就找到了喜欢的口感，最高兴的是这个奶嘴不像奶瓶，吃完了就被拿走了，这个奶嘴我可是能够一直含在嘴里的哦！于是不吃东西的时候我都喜欢含在嘴里。

每天含着奶嘴的日子简直太幸福了。可惜，这样的幸福并没有持续太长时间，因为被奶奶发现了。

一向疼我的奶奶一见我含着个形状怪异的奶嘴马上就不高兴了，还把奶嘴从我嘴里拿了出来，不管我装可怜也好，装生气也好都不还给我。屡次索要未果之后，我哇哇大哭起来。正在厨房忙活的洋大芋一听见我哭了，赶忙跑了过来。当得知我哭的原因是因为奶奶不让我含着安抚奶嘴之后，洋大芋笑吟吟地告诉奶奶我一直喜欢吮吸手指也很喜欢含着奶嘴，有了安抚奶嘴之后可以转移我对手指的注意力。

奶奶一听就急了，她认为由于宝宝与生俱来的非条件反射、吮吸反射，会随着时间的推移逐渐消失，如果洋大芋一直给我含个奶嘴，无疑是在强化这一反射，久而久之会形成依赖，等我长大了也不一定戒得掉。

于是，洋大芋和奶奶就是否给我使用安抚奶嘴这个问题展开了讨论，可是由于她们两人都站在自己的立场上据理力争，讨论很快演变为争论。而在一旁观战的我，听也听不懂她们都在说些什么，只关心我的奶嘴还在奶奶手里，一脸无辜地看着面红耳赤的两个人。

在这一片硝烟的紧要关头，门开了，土大豆回来了。可怜的土大豆，一回来就变成了这场争论的裁判，既要安抚两个情绪激动的女人，还要摆出公平的姿态解决分歧。

可是，在这样艰难的时刻，土大豆迅速做出反应，他扶了扶眼镜，分别跟奶奶和洋大芋说了一大堆的话，最后还成功地将安抚奶嘴从奶奶手上拿了下来。

原来，土大豆首先高度肯定了奶奶的高瞻远瞩，同时也高度赞扬了洋大芋的贤良淑德，并指出她们都是基于关心我爱我才会关注诸如安抚奶嘴之类的小事，而为此引发的争论，也是绝对无恶意的。但是既然安抚奶嘴是给我用的，那么就要基于我的实际情况来具体问题具体分析。我现在已经习惯用奶嘴，强行禁止容易激起我的反抗，不利于家庭团结；但是也不能让我产生依赖心理，这样对我的成长不利。因此，土大豆认为，安抚奶嘴可以先用着，但是作为父母，他与洋大芋一定要严格把控时间，每天限定我使用的时间，并寻找其他方法转移我的注意力，尽量不让我对其产生依赖。

就这样，奶奶和洋大芋都分别松口，洋大芋还拉着奶奶的手给奶奶道了歉，奶奶也笑着点头，还让洋大芋陪她去厨房做饭，两个人和好如初。

土大豆，还真有你的！可是，你能不能不要光顾着洋洋得意，先把奶嘴还给我好不好？

本周宝宝成长对比表

生理发展情况：	心智发展情况：
有支撑点时会独立站起，开始迈步	1. 会讨厌反复出现的东西 2. 会注意垂直空间

感官与反射发展情况： 在拿东西时会着重用食指和大拇指	社会发展情况： 会尝试揣摩大人的情绪

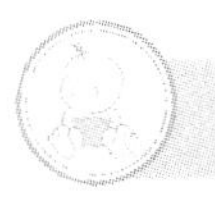

本周应注意的小细节

1. 给宝宝一些多多爬行的机会，多练习爬行不仅锻炼宝宝的四肢协调能力，还会有较好的运动能力。大人不必急于让宝宝学习走或站。

2. 宝宝也会“喜新厌旧”的，一些新的游戏会重拾宝宝的兴趣。

3. 如果宝宝爱出汗，妈妈就不要给孩子穿太厚了。睡觉时只需盖着肚子就好。

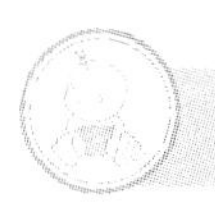

本周焦点关注：出汗

宝宝爱出汗可分为生理性出汗和病理性出汗。宝宝的生理性出汗是正常现象，因为宝宝的新陈代谢快，平时的活动量大，婴幼儿皮肤中的水分也比较多，皮肤蒸发的水分比较多，所以宝宝爱出汗。但病理性出汗妈妈就要注意了，一般都是由儿童肥胖症、低血糖、小儿心肺疾病等引起的。妈妈可以观察宝宝是在什么状态下出汗，如果宝宝在安静时还是爱出汗，那妈妈就要带宝宝去医院就诊了。

本周推荐小游戏

本周大人可以和宝宝一起玩“丢玩具”。如：大人可以在一个装满玩具的容器里拿出一些玩具放入另一个空空的容器内，反复做几次引导宝宝模仿大人的动作，将拿在手中的玩具放入另一个容器内。同样的动作反复做几次，宝宝就会很有成就感。这不仅能帮助宝宝解放手中的东西带来的快乐，还能让宝宝懂得与人分享。

本周推荐食谱

宝宝食谱：胡萝卜豆腐泥

材料：胡萝卜1根，嫩豆腐50g，鸡蛋1个。

做法：

1. 胡萝卜洗净去皮，放入锅内煮熟后，切成特别小的丁。

2. 另取一锅，倒入水和胡萝卜丁。再将嫩豆腐边捣碎边加进去，一起煮。

3. 煮5分钟左右，汤汁变少时，将鸡蛋打散加入锅里煮熟即可。

营养指导：豆腐营养丰富，含有铁、钙、磷、镁等人体必需的多种微量元素，豆腐易消化，补钙！

土小豆第三十七周成长周记：我能自己站着了

土小豆第三十七周周记

经过洋大芋和土大豆9个月的悉心照料，我正在茁壮成长，不仅会自如地翻身，还能稳稳地坐在我的推车上；不仅学会了模仿洋大芋吐舌头，还会在心情特别好的时候冒点比较模糊的发音出来，乐得洋大芋和土大豆嘴都合不拢。

当然，作为一个有强烈虚荣心的宝宝，我可是最喜欢听表扬的话啦，所以小脑瓜子没事就在琢磨给他们制造点什么样的惊喜。

昨天晚上吃了饭，土大豆在洗碗，洋大芋就带着我在爬行垫上做游戏。她用两只手扶着我的胳膊，轻轻带着我往前走，只要我一迈出腿，洋

大芋就不停地表扬我，我也走得更积极。玩着玩着，洋大芋的手机响了，她一只手扶着我一只手接电话，这样一来我的重心有点偏，没有办法站得比较稳。回头瞅着洋大芋还在接电话，我干脆往右边一偏，正好倚在墙上，这样就站得稳稳的，我还在寻思着往前迈一迈腿就被洋大芋发现了。

我居然已经可以独立站立了，虽然还需要两只手趴在墙上，可是我这个动作已经让洋大芋高兴坏了。她迅速挂断电话，还叫土大豆赶紧出来围观我趴在墙上做投降状，两个人就围着我乐开了花。

可是，虽然已经能趴着墙站立，但不意味着我可以长时间站立，感觉有些累了，我一屁股坐了下来，但是坐下来的动作并没有破坏我的造型，我还是两只手趴在墙上。“啪”，闪光灯一闪，土大豆迅速把我的新造型给照了下来。

感谢土大豆，他几乎是随身携带相机，随时记录我的成长。

接下来的时间，昨天到今天，我的全部游戏都变成了练习站立。有时是从背后扶着我让我趴着墙站，有时是扶着我的胳膊让我在洋大芋或土大豆的身上走，我也比较顺从，站累了就自己坐下来。当然，现在的我已经对危险有浅显的认识了，每当洋大芋抱着我站在她腿上的时候，我会用脚尖站着，因为站在她的腿上面可不像在爬行垫上，不但不平，还软软的，很不稳当，每当这个时候我就用脚尖抠着，防止摔倒。可是每当我踮着脚尖迈腿的时候，洋大芋总是夸我说我是在她身上跳芭蕾舞。

芭蕾舞是什么意思？我可不太清楚，我只知道我走出的每一步，哪怕是扶着往前的每一步，都会伴有洋大芋和土大豆的掌声和亲吻。

要是我以后真学会了跳芭蕾舞，洋大芋和土大豆会不会高兴得翻跟头？

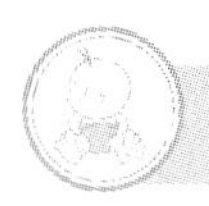

本周宝宝成长对比表

九个月宝宝身高体重参考值：	生理发展情况：
1. 男婴体重 7.1～11.0kg，身高 67.5～76.5cm 2. 女婴体重 6.5～10.5kg，身高 65.3～75.0cm	在没有支撑物时也能站立

心智发展情况： 1. 模仿他人的能力增强 2. 能听懂大人说的话并服从	感官与反射发展情况 1. 小手比较灵活，能抓住细小的东西 2. 随意乱放物品
社会发展情况 1. 模仿能力变强，能模仿声音和面部表情 2. 爱做各类游戏 3. 用声音和手势来引起周围人的注意	

本周应注意的小细节

1. 给宝宝一个自由空间，开发脑力智力，让他自由发挥。
2. 由于宝宝活动量的增加，就需要妈妈更加注意宝宝的安全。

本周焦点关注：宝宝恋物

宝宝在妈妈的怀抱中成长，突然离开妈妈的怀抱，由于事物的变化，宝宝的情绪变化也很大，这会让宝宝感到不安。这时妈妈应该给宝宝准备一些不同的玩具，如毛绒玩具、枕巾、智能玩具等。在不同颜色不同玩具的交替使用下，宝宝就不会对某件物品特别留恋。

大人也不可忽视宝宝的心理变化，尽量多陪宝宝！

本周推荐小游戏

本周大人可以让宝宝照镜子，教他认识自己的五官，提高自己的记忆力。如，在照镜子的过程中，大人可以故意做些表情，这样宝宝就可以模仿，丰富宝宝的知识量和模仿能力。

本周推荐食谱

宝宝食谱：鸡肉，胡萝卜、菠菜面

材料：挂面 10g，鸡胸肉 5g，胡萝卜 3g，菠菜 3 克 g，高汤 100ml。

做法：

1. 将鸡肉剁碎用芡粉和盐抓好，放入用高汤煮软的胡萝卜和菠菜做的汤中煮熟。

2. 加入已煮熟的切成小段的挂面，煮 2 分钟即可。

营养指导：菠菜是蔬菜中蛋白质含量最高的品种之一。胡萝卜素、钙、铁含量也较高，能给宝宝补铁、钙等多种营养元素。

土小豆第三十八周成长周记：我发烧急坏了妈妈

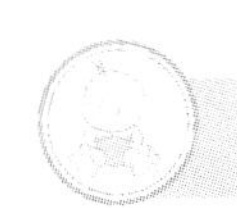
土小豆第三十八周周记

今天真是难过的一天。

早上起床之后，精神就不太好，老想睡觉。到了吃饭时间，看着洋大芋给我准备的食物，不管是牛奶还是米糊或者是平时最爱吃的肝泥，都提不起兴趣。我的表现没有在第一时间引起洋大芋和土大豆的重视，他们亲了亲我的脸把我交给奶奶就去上班了。

到了快中午，我还是恹恹的，不管奶奶拿玩具逗我玩，还是放音乐给我听，都没办法让我跟平时一样张开嘴巴咯咯地笑。奶奶赶忙拿体温计给我测体温，一量，38.4℃。这可把奶奶吓坏了，先给洋大芋打了个电话，随后开始帮我降温。

奶奶手忙脚乱地把我平放在床上，解开身上的衣物，用温水浸湿毛巾，然后轻轻帮我搓揉全身上下，重复搓揉了几遍之后，又喂我喝了一些温开水。

这时，洋大芋匆匆忙忙地跑了回来。在奶奶的帮助下，洋大芋再次帮我量了体温，依然在发烧。于是洋大芋和奶奶决定马上将我送去医院。

医生给我做了简单的检查，然后告诉洋大芋我是由于感冒引起的发热，情况并不严重，当前最主要的就是解决发烧的问题。医生还告诉洋大芋，只要宝宝发烧时手脚冰冷，面色苍白，说明孩子的体温还会上升；如果一旦孩子的手脚暖了，出汗了，体温就可以控制，并且很快就会降温。而根据我的情况，医生认为物理降温是最有效的办法，奶奶所做的也正好是物理降温的一种，但是因为奶奶太紧张太着急了，所以降温措施不够到位，因此效果不明显。

医生给我开了一点药，并叮嘱洋大芋食用剂量，还教给洋大芋一些物理降温的方法。

回家之后，洋大芋谨遵医嘱把精神不济的我哄睡着了。然后在我睡着后，用手心捂在我的前囟门处，据医生所说，一岁半之前的婴幼儿，前囟门还未完全闭合。洋大芋一直捂到我开始微微冒汗，再一量温度，体温果然就降了下来。

洋大芋和奶奶都松了一口气。

等我醒了之后，奶奶又给我喂了一些红糖水。我也比较配合地吃了点东西，虽然不如以往的胃口，但总算开始进食了，洋大芋都快喜极而泣了，赶紧给土大豆打电话汇报情况。

到了下午土大豆下班，我除了精神还是不太好之外，已经不发热了，吃嘛嘛香，又开始抱着摇铃往嘴里塞了。

可是洋大芋好像病了，眼睛一直红红的，什么事儿也不干就趴在我身边，一动不动地看着我。

又量了一次体温，土大豆兴奋地宣布我已经回归到正常的体温，咦，洋大芋怎么哭鼻子了？难道她不高兴么？

来，土小豆给你亲一个，笑笑吧洋大芋！

本周宝宝成长对比表

生理发展情况：	心智发展情况：
能双手扶着周围的物品走路	1. 会关注其他同龄孩子的行为，并且开始模仿 2. 喜欢的又不见了的东西会寻找
感官与反射： 对一种运动特别热爱	**社会发展情况：** 1. 喜欢在水里玩耍 2. 钟爱某一样玩具 3. 会出现快乐、难过、悲伤等不同的情绪

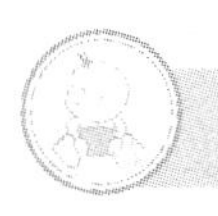

本周应注意的小细节

1. 在这个时期，宝宝最爱模仿，大人要和宝宝多做一些互动游戏和对话，让宝宝的智力全面发展。

2. 现在让宝宝多爬，因为太早走路不是很好。

3. 这周是宝宝养成大小便坐盆习惯的关键时期，在征得宝宝的同意后，要有规律地帮助宝宝做盆。

本周焦点关注：为宝宝挑选合适的衣服

在这段时期，宝宝已经会爬、站，过段时间还将要会蹲，这样对衣服的要求就会更高。在面料上应该选择柔软、吸汗、安全、色彩艳丽明快、易洗而不褪色的衣服，在款式上应该以宽松、安全、简洁为主。

本周推荐小游戏

本周换宝宝和妈妈玩躲猫猫的游戏，宝宝可以把脸藏起来让妈妈找，宝宝看到妈妈焦急的样子就会玩得很开心。

本周推荐食谱

宝宝食谱：杏仁苹果豆腐羹

材料：豆腐100g，苹果70g，香菇（鲜）30g，杏仁30g，香油5g，盐2g。

做法：

1. 将豆腐切小块置水中泡一下捞起，冬菇搅成茸和豆腐煮滚，油盐调味勾芡成豆腐羹。

2. 杏仁去衣，苹果切粒，同搅成茸。

3. 待豆腐羹冷却，加杏仁、苹果糊拌匀即成。

营养指导：宝宝多吃豆腐可增加免疫力，促进机体代谢，保护肝脏，有利于生长发育。

土小豆第三十九周成长周记：我想吃大人的饭菜呢

土小豆第三十九周周记

这周土大豆出差了，家里就只有洋大芋、奶奶和我。以前每次吃饭，都是把我放在我自己专用的餐椅上，等喂我吃完了洋大芋他们再换着吃。

鉴于土大豆出差了，家里少了一个青壮劳力，换也不太换得过来，洋大芋决定试一次让我跟她和奶奶在一张桌子上吃饭。

哟，这可是我第一次上餐桌哦！虽然还是坐在自己的餐椅上，但至少和妈妈奶奶一样，就坐在餐桌旁边，我可真是高兴呢！

洋大芋就坐在我旁边，把我的牛肉糊稀饭放在我的小餐桌上，给我系上了小围兜，然后给自己碗里夹了些菜。咦，为什么我只有一个碗，洋大芋和奶奶桌上摆了三四个碗，而且每个碗里都有东西，看上去蛮好吃的哦！我口水啪嗒地看着她们那一桌子热腾腾的菜，瞬间就觉得洋大芋完全是在克扣我的口粮。

不要吃不要吃！洋大芋像往常一样喂我吃米糊，我很坚决地把头摇得跟拨浪鼓一样，身子一个劲地往餐椅外探，我要去大桌子上吃好的！洋大芋以为我是不习惯坐在餐桌旁边，一边跟奶奶说我吃着自己碗里的、望着她们桌上的，一边把我重新抱在餐椅上做好，还试图继续喂我吃饭。

我很愤怒地朝洋大芋叫了一声，再一次坚定地表明了我的立场。

还是奶奶先明白过来，奶奶把我抱了起来，指着桌上的每个碗挨着给我介绍："这个是回锅肉，土小豆你太小还不能吃；这个是番茄炒蛋，黄色的就是你经常吃的蛋花；这个是蔬菜汤，你的碗里也有哦！"可是我听不太懂呢，于是在奶奶怀里够着身子想要去抓桌上的碗。奶奶赶忙把我抱回我自己的餐椅上坐着。

洋大芋端着我的碗，坐在我旁边给我喂饭，可我坚持非暴力不合作，眼睛还是直勾勾地盯着餐桌上的碗，身子也一直听乱扭，想要爬去餐桌。

这下可惹恼了洋大芋。洋大芋平日是不会对我发脾气的，但是在习惯性养成这个问题上，她可是很坚持的，这一点上充分能体现她是我的"麻麻"这一事实。洋大芋见我死活不肯配合好好吃饭，直接就把我抱了起来，放在爬行垫上。

事到如今，我能使用的唯一招数也就是哇哇大哭。可是，哭了半天，发现奶奶和洋大芋跟商量好了似的，都没有过来抱我。哇，这时候，真是太想念土大豆了，要是他在，肯定一听到我的哭声就直接奔过来了。

哭着哭着，居然看见奶奶和洋大芋吃完饭开始收拾餐桌，有没有搞错啊！人家还没吃呢！我呆呆地望着洋大芋和奶奶，连哭都忘记了——看来这次她们是动真格的了。好吧好吧，我不调皮了，洋大芋洋大芋你快来喂我吃饭，人家肚子饿得咕咕叫了。

正在抹桌子的洋大芋好像知道我会妥协，居然还转过来来对着我不怀好意地笑了笑。

算了，我不跟你计较了我也不哭了，快点来喂我吃饭吧洋大芋，人家是真的饿了。

本周宝宝成长对比表

生理发展情况： 宝宝的爬行越来越灵活	心智发展情况： 回答问题时，不断重复地用一个字
感官与反射： 听到音乐时会跟着节拍摇摆、弹跳，或者轻哼音乐	社会发展情况： 1. 会以自我为中心 2. 爱模仿大人的手势

本周应注意的小细节

1. 早期的口腔保健很重要哦，大人应该注意宝宝口腔的清洁，在出牙期间少给宝宝吃甜食，也不要在睡觉前给宝宝吃东西。

2. 宝宝能站稳了，为宝宝选择一双舒适的鞋很重要哦！

3. 宝宝可以和家人一起吃饭，增加宝宝吃饭的兴趣，学习怎样吃饭，可以锻炼宝宝的手部动作。

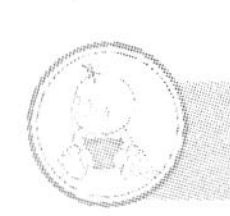

本周焦点关注：让宝宝自己吃饭

现阶段的宝宝想独立，自己吃饭，不想依靠家人的帮忙。妈妈可以给宝宝准备柔软、容易抓的食物，如面条、磨牙棒、小蛋糕等。不要让宝宝吃太坚硬的食物，以免伤到宝宝以至窒息。

本周推荐小游戏

本周大人就把房间让给宝宝让宝宝自己做主吧。家里的日常用品宝宝也会知道哦。妈妈可以问宝宝家里的日常生活用品放在哪里，让宝宝自己去找。这不仅提高宝宝自身的记忆力，而且宝宝也很愿意去找。记得在宝宝找到时妈妈要给宝宝一个爱的鼓励哦！

本周推荐食谱

宝宝食谱：黄豆南瓜粥

材料：黄豆60g、南瓜50g、薏米100g、鸡汤800毫升、盐适量。

做法：

1. 黄豆、薏米分别洗净，用清水浸泡2小时；南瓜洗净，去皮、瓤，切块。

2. 锅置火上，放入鸡汤、黄豆，大火煮沸后转中火，煮至黄豆酥软，加入薏米、南瓜块，大火煮沸后转小火熬煮至粘稠，加盐调味即可。

营养指导：南瓜富含钴，钴能活跃人体的新陈代谢，促进造血功能。南瓜所含成分能促进胆汁分泌，加强胃肠蠕动，帮助食物消化。

土小豆第四十周成长周记：我有一个好妈妈

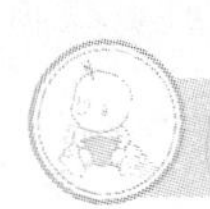

土小豆第四十周周记

经过快一周的练习，我现在每天都跟洋大芋和土大豆一起吃饭了，而且我的饮食习惯也逐渐固定下来，晒一下将近十个月的我，每天的饮食安排：

早上醒来 7:30 温开水 10～20ml，稀饭半碗，10：00 蒸鸡蛋一个、苹果半个或者其他水果榨汁，12:00 烂面条半小碗；下午 16:00～17:00 牛奶 50ml，19:00 稀饭半碗，里面加肉松或肝糊，20：30 牛奶 50ml，怎么样，我很能吃是吧！昨天洋大芋带我去称重，我都 12kg 了呢！

除了体重的增加，我最大的进步，是时不时能够清楚地喊出“爸”“妈”来，虽然已经不是第一次清楚地喊出来了，但是每次都能让洋大芋和土大豆乐开了花。于是每天的游戏都有一个固定内容，就是叫我的名字，现在只要听到人叫我土小豆我就会回头；或者问我爸爸在哪里，我会用眼睛指向土大豆，或者情绪非常好的时候，我还会看着土大豆拖着长长的尾音叫他一声；而让洋大芋更得意洋洋的是，每当土大豆问我妈妈在哪里，我都会到处寻找她，找到之后就高兴地叫一声妈妈，非常清楚的两个字；如果她刚好就在我身边，我会麻利地爬过去抓住她。为此土大豆依然经常吃醋，认为我爱洋大芋更多呢！

其实怎么说呢？从来到这个世界上，洋大芋陪伴我的时间最多，而且在不同的时期给了我不同的爱的表达。刚出生的时候，洋大芋对我的爱表现为每天的抚摸和亲吻，每天大多数的时间都给了我，为了我有充足的奶水，从不顾及自己身材的走样，也忘记了自己的爱好，即使半夜起来喂

奶，也从无怨言；三个月的时候，洋大芋对我的爱表现为每一个生活细节上的小心翼翼，生怕我生病，生怕我有任何的不舒服，还因此闹了笑话；到了半岁，她的爱开始往好习惯的培养上面倾斜，不再一味地宠我惯我，宁愿听着我哭，也不让我养成坏的习惯；再到了现在，她在不断地引导我去尝试去探索。

昨天，我自己扶着电视柜在爬行毯上往前迈腿，小胳膊小腿都还不利索，要换了从前，洋大芋肯定就护在我身边一步也不会走开，可是现在她就坐在沙发上，面带微笑地看着我。我一个不小心摔了，她也不过就是走过来蹲在我身边鼓励我自己扶着电视柜再爬起来，然后继续往前走。用她的话说，就是要给我锻炼的机会，从小养成战胜困难的顽强品格。

培养好品格就要从娃娃抓起！这就是洋大芋的口号。

怎么样，我的妈妈还不错吧！给洋大芋打了一晚上的广告，我要继续扶着电视柜往前走了，妈妈还看着呢！

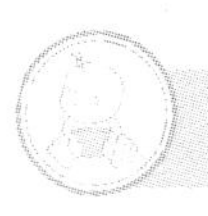

本周宝宝成长对比表

生理发展情况： 起身的时候能够站起来	感官与反射情况： 会用一只小手拿两件物品
心智发展情况： 1. 旁边的玩具伸手就能拿到 2. 喜欢把东西拼凑在一起	社会发展情况： 1. 希望引起同伴的注意 2. 对不熟悉的地方感到害怕

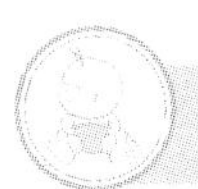

本周应注意的小细节

1. 给宝宝吃块状食物，这样能练习舌头的灵活性。

2. 如果在宝宝玩耍时受到意外伤害，家长应具备基本的急救常识。

本周焦点关注：培养宝宝与别人交往

宝宝喜欢和自己熟悉的人玩，对不熟悉的人会感到恐惧。父母应该多给宝宝提供与别人交往的机会，宝宝喜欢和小朋友交往。当面对不认识的小伙伴时，宝宝也会表现出特别开心，这样有利于宝宝以后的交际技能的发展。

本周推荐小游戏

本周大人可以和宝宝玩跑跑游戏。家长可以买无毒的泡泡枪吹泡泡，当宝宝看见泡泡时就会去追、抓，这样就能使宝宝运动起来，同时也能提高宝宝的注意力和观察力。

本周推荐食谱

宝宝食谱：苹果薯团

材料：红薯50g，苹果50g。

做法：

1. 将红薯洗净、去皮、切碎煮软。
2. 把苹果去皮去核后切碎、煮软，与红薯均匀混合拌匀即可喂食。
3. 制作中，要把红薯、苹果切碎，煮烂。

营养指导：红薯属于粗食，其中纤维素对肠道蠕动起良好的刺激作用，促进排泄畅通。

土小豆第四十一周成长周记：我知道我错了

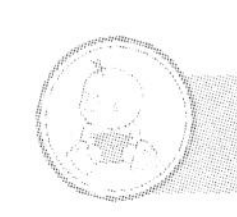

土小豆第四十一周周记

晚上吃了饭，洋大芋和土大豆带我去散步，走到一半就碰到了小区里一个妈妈抱着宝宝也在散步，洋大芋本着自然熟的处世原则，一上去就跟人家聊了起来。

他们一路从身高体重聊到吃穿住行，聊得热火朝天。闲得无聊的我就伸长了脖子打量那个趴在他妈妈怀里的宝宝。看样子他比我小不了多少，穿了一件有两个胖耳朵的熊猫衣服，两个脸蛋红扑扑的，像我刚睡醒的样子。我想呢，刚认识的小伙伴，打个招呼也是应该的，洋大芋不是经常告诉我要学会跟小宝宝们打招呼么？于是我就很友好地向他敞开了胳膊以示亲热。结果那小家伙有点怯生，看到我伸过去的手，呆了片刻，就把手给我推开了。

如果我是个腼腆的宝宝，也许就蜷回土大豆怀里自己玩手指头了，可是偏巧我是个一根筋宝宝，见我的示好被对方拒绝，我决定不屈不挠继续主动，希望能得到回应。可是，他也是个一根筋宝宝，我一伸手他就推，他手一缩我又继续伸，他又继续挡，这么一来二往，逗得洋大芋他们三人哈哈大笑。

当然，忍耐是有限度的，加上被洋大芋他们一笑，我脑子一热，照着那个红扑扑的小脸蛋挠了一下。熊猫宝宝愣了愣，立马扯着嗓子哭了起来，等洋大芋他们回过神来，一道红色印子已经醒目地横在了熊猫宝宝脸上。

这下洋大芋和土大豆笑不出来了，一个劲给别人道歉，还好熊猫宝宝的妈妈心疼归心疼倒也没有为难我们。再三道歉后，洋大芋和土大豆抱着还没搞清楚状况的我落荒而逃。

回到家，自然没我的好果子吃。我被洋大芋放在沙发上，土大豆也黑着脸坐在一边，开始进行严厉的批评教育。我也不知道他们在说什么，只知道他们的表情都很严肃，我对着他们笑也不起作用，只好一脸无辜地倚着靠垫看着洋大芋一直在噼里啪啦地说话。实在看累了，我就东张西望寻找我的玩具，这下可是火上浇油，我迅速背上了不思悔改的黑锅。洋大芋可生气啦，还把我的手抓起来轻轻打了几下！

虽然我依然不知道他们在说些什么，可是看他们的表情知道洋大芋和土大豆这次是真的生气了，看来，我是不能够挠熊猫宝宝的脸。哎，这时候哭也不知道有没有用，干脆还是用软的吧！我慢慢缩了缩我挨打的手，然后果断伸出双手，这是我希望洋大芋抱我的动作。

洋大芋终究没有经得住我的温柔攻势，我这么一伸手，她虽然还是板着脸，但语气明显缓和了不少，她轻轻捏着我的鼻子晃了晃就把我抱在了怀里。

如愿以偿的我温驯地趴在洋大芋胸口上，嘴里喊了两声妈妈。这两声呼唤彻底灭了洋大芋的怒火，她亲了亲我的脸，喜滋滋地抱着我去玩游戏了。

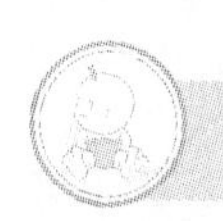

本周宝宝成长对比表

十个月宝宝体重、身高参考值：	心智发展情况：
1. 男婴体重 7.4～11.4kg，身长 68.7～77.9cm； 2. 女婴体重 6.7～10.9kg，身长 66.5～76.4cm。	1. 会在家里到处找东西 2. 经常拆组玩具
生理发展情况： 会来回爬椅子	**感官与反射发展情况：** 能很好地灵活使用双手
社会发展情况： 1. 能区别性别 2. 喜欢自己动手穿衣 3. 特别喜欢玩游戏，如捉迷藏等 4. 故意扔东西让别人捡	

本周应注意的小细节

1. 在安全的前提下，尽量让宝宝做自己喜欢的事情。

2. 如果宝宝对某件物品厌烦，家长可以先替宝宝保管。

3. 这段时间宝宝喜欢与大人一起吃饭，这样就需要注意宝宝的安全。

本周焦点关注：宝宝磨牙

这时宝宝有4～6颗牙齿，会出现磨牙的现象。白天宝宝不要玩得过于疲劳，在睡觉前不要做剧烈活动，这样就会减少宝宝的磨牙。

本周推荐小游戏

本周家长可以和宝宝一起制作小乐器，经过一番辛勤耕耘，当宝宝看到作品做出来后，会很兴奋，这个游戏可以增加宝宝的成就感。

本周推荐食谱

宝宝食谱：什锦炒米饭

材料：大米软饭50g，茄子20g，番茄半个，土豆泥10g，肉末5g，植物油、蒜末、生抽各适量。

做法：1. 将茄子洗净去皮，切成末。番茄洗净，切成丁状。

2. 将肉末和土豆泥都搅拌均匀备用。

3. 锅内倒油烧热，放入肉末、土豆泥炒散，加入茄子末、蒜末、番茄丁煸炒，加入软米饭，加一点水，炒匀后倒少许生抽即可。

营养指导：茄子中富含蛋白质、脂肪、碳水化合物、维生素以及钙、磷、铁等多种营养成分。

土小豆第四十二周成长周记：我在装睡呢

土小豆第四十二周周记

土大豆今天下班下得早，到家的时候我还在睡觉。只不过跟大多数宝宝一样，我白天的觉睡得比较浅，所以当他一俯下身子亲我的小脸蛋，我就醒了。大概是瞌睡虫还没有完全走开，我眨巴眨巴眼睛又闭上了，而土大豆就带着他憨厚的笑容一直趴在我旁边看我睡觉。这时奶奶走了过来，我听见土大豆很兴奋地跟奶奶说："你看，土小豆真是个调皮蛋，他的眼睛总是半闭不闭，就开着那么一条缝，说是他睡着了吧！你的头往哪边动，他的眼珠就跟着往哪边移。你亲他一口，他会立马把眼睛闭得紧紧的。可过不了多大工夫，就又开条小缝，看看看，就跟现在一样！"

奶奶笑了，继续补充："如果你假装没看到，不理他，要不了一会儿，他的眼睛准睁得大大的，目不转睛地瞧着你，生怕你走掉了似的。这时你再转头看他，他又会像毫不在意的或者打个哈欠装着刚刚睡醒，或者又轻轻闭了眼继续睡觉。再亲他或者挠挠他，他就很不耐烦似地皱着眉，摇着头，真是好玩得很呢！"

原来我装睡的事情都被他们发现了，好吧，再给你们表演下！

我把眼睛睁得圆圆的，看着土大豆，像是在跟他打招呼的样子。等到土大豆刚把脸凑过来，我打了个长长的呵欠然后就继续闭着眼睛，不管土大豆怎么跟我说话也把眼睛闭得紧紧的；等到他刚直起身子，我又把眼睛

睁开，他往哪里我的目光就跟到哪里。就这么睁眼睛、闭眼睛的和土大豆玩。

被逗了好几次的土大豆终于识破原来是我在装怪，他用手挠我痒痒以示惩罚。呀，他一挠我可就没办法装睡了，我咯咯咯地笑了起来。

这下瞌睡虫彻底被赶走了。我无比兴奋地跟土大豆玩了起来，土大豆也抱了一堆玩具放床上和我一块儿玩，直到洋大芋怒气冲冲地出现在我们面前。

原来，洋大芋下班时候看着街口的商场在打折，就买了米啊面啊一大堆的东西。本来想让土大豆下楼帮忙拿东西，可土大豆一回到家就只顾着和我玩，手机放在沙发上，因此完全忽略了洋大芋打来的N个电话。洋大芋以为土大豆还没下班，就咬着牙跟个女超人一样左手一大包右手一大包、胳膊下面还夹了一大包回了家。结果回家才发现，土大豆跟我玩得正起劲呢！

这样的情况下，我果断钻进了洋大芋温暖的怀抱，看着土大豆同志灰头土脸地去厨房煮饭去了。看来，今天还得该他洗碗呢！

可怜的土大豆。

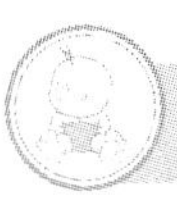

本周宝宝成长对比表

生理发展情况： 能扶着家具行走	**心智发展情况：** 能模仿语言的旋律和他人的面部表情
感官与反射情况： 1. 会用杯子喝水 2. 能捡起很小的物品	**社会发展情况：** 1. 看见不认识的人会害怕 2. 开始不听话耍小脾气

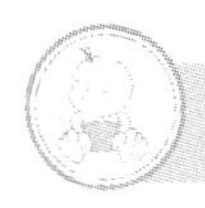

本周应注意的小细节

1. 远离台灯、暖瓶、杯子等物品，避免宝宝受伤。
2. 在保证安全的情况下，可以锻炼宝宝自己拿东西的能力。

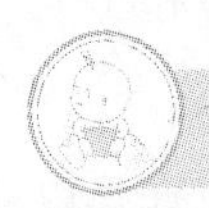

本周焦点关注：带宝宝出行

宝宝的显著特点是：好玩、好动、好奇，因此爸爸妈妈可以多带小宝宝去户外游玩，让宝宝看看世界的奇妙，这样对宝宝的身心发展有很大的帮助。

可以根据宝宝的适应能力选择游玩的地点，旅行前，把该准备的旅行用品带齐。在旅途过程中，也要尽量做到和宝宝愉快的互动玩耍。

本周推荐小游戏

本周家长可以跟宝宝一起搭积木，这样可以锻炼宝宝的动手能力，当推倒搭好的积木时宝宝也会异常开心。既增强了宝宝的上肢力量，又有助于宝宝的上肢用力扶物行走

本周推荐食谱

宝宝食谱：火腿藕粥

材料：藕、火腿各50g，米粥100g、高汤50ml。

做法：

1. 藕洗净，去皮，切碎；火腿切丁。

2. 将火腿丁、藕碎放入高汤中煮20分钟左右，倒入米粥再焖一会儿，即可。

营养价值：莲藕中富含粘液蛋白、膳食纤维和鞣质，有助于通便止泻、健脾开胃，有增进食欲促消化的作用。

土小豆第四十三周成长周记:和外婆斗智我赢了

土小豆第四十三周周记

周一一大清早，外婆就满面红光地到家里来了，因为奶奶和爷爷要出趟远门，所以换外婆过来给洋大芋搭把手。洋大芋和土大豆头天晚上就将他们不在时照顾我的要点一条一条地列在了本子上，外婆一来，洋大芋又很仔细地给外婆交代了一遍，啰嗦到快迟到了才急匆匆地出了门。

外婆熟稔地喂我吃了早饭，然后又仔细阅读了一遍洋大芋交给她的育儿要点，随后就将我放在爬行垫上，转身按照洋大芋的交代给我放音乐。等外婆一转身，她惊喜地发现我站在爬行垫上，正准备扶着电视柜往前走。显然我的进步超出了外婆的心理预期，外婆看着我自己在往前走，完全没有需要她给我提供帮助，高兴地一直在给我鼓掌。

这下好了，一连几天，外婆每天没事就让我走走。于是，在她持续不断的掌声中，我只好持续不断地扶着电视柜走过去走过来，实在走累了就一屁股坐在地上。

到了昨天，外婆忽然开始玩新花样。只见她将我的爬行垫从客厅移到了书房的墙边——原来，经过外婆连续几日的观察，她认为我过分依赖电视柜，按照我现在的发育情况和骨骼状况，我应该已经能够独立往前走。为了纠正我的依赖性，外婆将我的行动路线做了调整，换到了书房，然后把爬行垫放在墙边，希望我能够在没有东西可以依赖的时候学会独立行走。

哎，外婆难道忘记了虽然没有电视柜，不是还有一面墙吗？于是，外婆很郁闷地发现，她的外孙子土小豆在没有电视柜可扶的情况下，果断选择了扶着墙往前面挪。走了几步，没忘记回头看看外婆，外婆正叉着腰一脸无奈地看着我。

睡了午觉后，还睡眼惺忪时就被外婆带到了书房。咦，爬行毯被移到了书房中间！哇噻，外婆这次是玩真的呢！

被外婆放在爬行垫上我眨巴眨巴眼睛望着她，外婆还是笑眯眯地站在一边，完全没有要过来帮我或者抱我的意思，算了，还是靠自己吧！

我轻轻叹了口气，好吧，外婆，这可是你逼我的哦！首先，我调整重心，双腿缓慢弯曲，待身体呈半蹲姿势，最后一屁股坐在垫子中间，开始玩脚趾头，哎，我就这样了外婆你看怎么着吧！

等到下午洋大芋下班回家，外婆摇着头给洋大芋汇报了今天的情况，洋大芋笑得上气不接下气。看来，与外婆的初次交锋，土小豆我大获全胜。

本周宝宝成长对比表

生理发展情况： 1. 能蹲和弯腰 2. 靠支撑点站立时会前倾	感官与反射发展情况： 1. 喝水时能拿起盖子 2. 穿衣服时会很配合
心智发展情况： 会说简单的字	社会发展情况： 和小伙伴在一起时，会有自己的主见

本周应注意的小细节

1. 家长应多和宝宝做一些有利于思维开发的游戏。
2. 多鼓励宝宝自己动手吃饭。
3. 家长可以教宝宝识图认物。

本周焦点关注：学步车到底用不用？

整天照顾宝宝是件很辛苦的“工作”，学步车在一方面虽然可以减少负担，但新式的婴儿学行车不但未能令婴儿早点学会走路，反而害他们较迟才学会坐立、行走、爬行，甚至连智力及身体发展也会较差。家长可适量让宝宝坐在学步车里，但为了宝宝的健康和安全着想，尽量少用学步车。

本周推荐小游戏

本周家长可以和宝宝玩翻山越岭的游戏，家长可以把自己家设置成一个翻山越岭的基地，根据不同的地形穿越山川，能使宝宝自由爬行。

本周推荐食谱

宝宝食谱：鲑鱼南瓜粥

材料：南瓜30g，鲑鱼15g，白米20g，水适量。

做法：

1. 将白米、鲑鱼洗净沥干备用，南瓜洗净切丝。

2. 鲑鱼放入锅中蒸熟后去刺，压成末。

3. 将白米和南瓜丝一同加入水熬成稀饭。在稀饭起锅前，把鱼肉放入锅内搅拌均匀即可。

营养价值：鲑鱼所含的DHA可以帮助宝宝的脑部发育。

土小豆第四十四周成长周记：爸爸妈妈为学步车争论得不可开交

土小豆第四十四周周记

对于没能成功地让我迈出独立的第一步，外婆一直耿耿于怀。今天下午带我去散步，在小区门口的母婴店逛了半天，最后经不起销售阿姨的强烈推荐，给我买了个学步车。结果就这么一个外婆为了让我早点独立走路专门为我准备的礼物，引起了咱家一次家庭大辩论。

因为洋大芋和土大豆对待学步车完全是两种截然不同的态度，谨慎的洋大芋表示反对，而土大豆难得一次站在了洋大芋的对立面，对学步车投了支持票。

以下为正方土大豆以及反方洋大芋的论点论据：

正方土大豆认为：①学步车为我学走路提供了方便，是一种可以借助的工具；②使我克服依赖和胆怯心理，成功独立行走；③相对其他辅助工具，学步车更加安全可靠；④在某种程度上解放了包括外婆、奶奶、洋大芋以及土大豆自己，能够有效帮助我独立行走。⑤既然有这样的产品持续热卖，说明其经受住了市场的考验，那么对我也可以放心使用。

反方洋大芋认为：①把我束缚在狭小有限的学步车里，限制了自由活动空间；②减少了锻炼我的机会。在正常的学步过程中，大多数宝宝是在摔跤和爬起中学会走路的，这样才有利于提高我身体的协调性，让我在挫折中成长，使我具有自豪感，对增强我的自信心很有好处，而学步车没有这一人性化功能。③不利于我正常的生长发育。就生理条件来说，我的骨骼中含胶质多、钙质少，骨骼柔软，而学步车的滑动速度过快，为了跟学步车的滑动速度匹配，我不得不两腿蹬地用力向前走，时间长了，容易使

腿部骨骼变弯形成罗圈腿。④我并不一定具备使用学步车的协调、反应能力，容易对身体造成损害。⑤在快速滑动的学步车中，宝宝会感到非常的紧张，这不利于我的智力发育和性格的形成。

双方论点数量相当，土大豆简明扼要，洋大芋有条有理，正反双方不断重复阐述各自观点，一时间陷入了僵局。

不可开交之时，一直抱着我在一旁观战的外婆挺身而出，首先充分肯定了正反双方不同立场下都有各自坚定不移的观点，也均能够依据事实对论点进行陈述，没有跑题偏题更没有对对方造成语言上的人身攻击，这充分说明正方双方是在就事论事。但是根据学步车已经买回家的现实情况，并综合考虑双方的陈述要点，建议进行折中处理，具体方法如下：①控制使用学步车的频率，并且在使用学步车的时候必须有大人陪同，帮助规避可能产生的风险以及控制学步车的速度；②在使用学步车的同时，加强对我的爬行及行走训练，这不仅有助于我的迈步，而且有益于身心发育；③陪护人一定要注意观察我在使用学步车过程中出现的问题，再根据具体情况进行适当调整。

外婆折中的办法得到了洋大芋和土大豆的同意，就这样，关于是否给我使用学步车的辩论到此就告一段落。看到问题最终得到圆满解决，家庭局面再次回归和谐，外婆哼着儿歌抱我出去散步了。

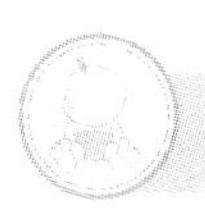

本周宝宝成长对比表

生理发展情况： 1. 会用勺吃饭 2. 在不借助任何物品的情况下走出第一步	心智发展情况： 试图将一句长话连起来说
感官与反射发展情况： 1. 经常扯掉袜子和鞋 2. 可以自由翻看书页	社会发展情况： 1. 希望得到别人的赞同 2. 喜欢和同伴一起玩游戏

本周应注意的小细节

1. 当宝宝遇到不顺心的事耍小脾气时，妈妈首先要控制住自己的情绪。
2. 多给宝宝模仿别人的机会。
3. 当宝宝触犯到一些不可违反的规矩时，妈妈应加以制止。

本周焦点关注：如何阻止宝宝做不该做的事

宝宝是越来越淘气了，对任何事没有错与对的概念。在宝宝犯错时，家长应及时地阻止，态度要明确、表情要严肃，要让宝宝意识到自己的错误，不要体罚，体罚会使宝宝出现逆反心理。

本周推荐小游戏

本周家长可以和宝宝玩“舀”的亲子游戏，家长可以给宝宝备一些豆类和小碗等，家长做示范，宝宝来模仿家长的动作，这可以锻炼宝宝手和眼的协调能力。

本周推荐食谱

宝宝食谱：牛肉碎菜细面汤

材料：牛肉 15g，细面条 50g，胡萝卜、四季豆适量。

做法：

1. 锅置火上。放入适量清水，煮沸后下入细面条，煮 2 分钟，捞出来，切成小段，备用。

2. 将牛肉洗净，切碎；胡萝卜去皮，洗净，切末；四季豆洗净，切碎，备用。

3. 另取一锅，将牛肉碎、胡萝卜末、四季豆碎与高汤一同放入，用大火煮沸，然后加入细面条煮至熟烂，最后加入橙汁调味即可。

营养价值：牛肉中富含蛋白质，能提高机体抗病能力，牛肉有补中益气、滋养脾胃、强健筋骨、化痰息风、止渴止涎的功效。寒冬食牛肉，有暖胃作用。

土小豆第四十五周成长周记：和爸爸斗智我输了

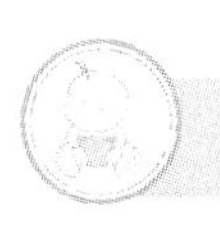

土小豆第四十五周周记

最近忽然对喂饭的勺子产生了浓厚的兴趣，虽然从我生下来洋大芋就一直用勺子在给我喂水，大概是因为之前都忽略了有个这么好玩的东西一天到晚就在我嘴边晃。

我对勺子的兴趣表现为只要勺子一到我嘴巴，我就立马紧紧咬住，洋大芋他们怎么样苦口婆心说服教育也绝不松口。现在的我正处于萌乳牙的时期，谁也不敢铆足了劲给硬拉出来，于是每次只要勺子被我咬在了嘴里，全家人也就只好由着我一直含着勺子玩。期间大家的眼睛都睁得大大的，我走到哪里他们跟到哪里，一方面是怕我含着勺子出什么意外，另一方面也时刻准备着瞅准一切时机夺下我嘴里的勺子，解除警报。

基于这样的情况，每天给我喂饭，也就是不得不用勺子的时候，就变成了一家人最痛苦的时候，因为我对勺子突然的兴趣，导致全家人在给我喂饭的时候都得和我进行一番激烈的斗智斗勇，而几天下来，我始终处于上风。

结果从昨天晚上开始，我含着勺子的快乐时光被土大豆终结了，因为他发明了一种喂饭招式，使得我再没有机会将勺子含在嘴里了。

首先当要喂我吃饭的时候，就将勺子放到我嘴边，等我把嘴巴张开就轻轻用手固定我的嘴型，然后迅速将饭喂进我的嘴里，以迅雷不及掩耳之势快速将勺子拿开，再放开我的嘴巴。这下，饭已经在我嘴里，如果不想饿肚子，就只好不高不兴地吃进肚子里。这个办法百试不爽，因为土大豆知道，对于一个处于婴儿时期的吃货，我可从来不愿意以饿肚子作为抗议的代价。

于是，全家人又开始抢着给我喂饭，一方面是因为土大豆的办法简单实用，能快速达到目的；另一方面，他们都在借这一方法挽回当初屡屡失手的颜面。而我，只好眼巴巴地望着心爱的勺子在我面前晃来晃去，却再也没办法像个胜利者一样雄赳赳气昂昂地含在嘴里被洋大芋和土大豆追着跑了。

土大豆啊土大豆，你可是扼杀了我多少欢乐呢！

本周宝宝成长对比表

11 个月宝宝身高体重参考值： 1. 男婴体重 7.6～11.7kg，身高 69.9～79.2cm 2. 女婴体重 6.9～11.2kg，身高 67.7～77.8cm	**心智发展情况：** 1. 记忆力增强 2. 认识图中的动物
生理发展情况： 1. 自己能独立走路，但不稳	**感官与反射发展情况：** 喜欢长时间地用一只手拿东西
社会发展情况： 1. 会自己吃东西，不喜欢被喂 2. 害怕陌生人，看不见父母时反应强烈 3. 对自己喜欢的东西关注较多	

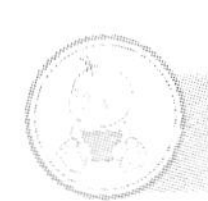

本周应注意的小细节

1. 宝宝眼睛还比较脆弱，不易看电视、电脑等。

2. 宝宝很依赖父母，父母不宜长时间离开孩子。

本周焦点关注：为宝宝准备一份特别的礼物

宝宝快满周岁了，父母为孩子准备一份好礼物吧。妈妈可以给宝宝选择拍照留念或抓周等游戏。

妈妈在为宝宝选择影楼时一定要选择专业儿童摄影店，专业儿童摄影店无论是环境、卫生、摄影器材，还是服务，都是一个轻松快乐的儿童家园，宝宝放松心情了就能做出各种可爱的动作了，给宝宝留下瞬间的美。

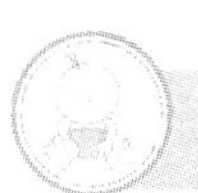

本周推荐小游戏

本周大人可以和宝宝一起玩沙子，在抓沙子时如果沙子从宝宝的小手中流失，宝宝就会有好奇心反复做这个动作，想要抓住它。宝宝不仅玩得很开心，还可以练习宝宝小手的抓握能力！

本周推荐食谱

宝宝食谱：豆腐太阳花

材料：豆腐100g，鹌鹑蛋1个，胡萝卜泥20g，葱末、盐各少许，高汤适量。

做法：

1. 用勺子在豆腐上剜出一个小坑，把鹌鹑蛋打入小坑中。

2. 将胡萝卜泥围在豆腐旁，入锅蒸。大概10分钟左右，就蒸熟了。炒锅内放油，油热后爆入葱末，加一点高汤煮成浓汁后加盐调味，淋到蒸好的豆腐上即可。

营养价值： 豆腐本身的营养就很丰富，清淡宜口，适合给宝宝做主食。加了鹌鹑蛋和胡萝卜泥的豆腐，更是增添了胡萝卜素和优质蛋白、氨基酸等的含量，营养更全面。

土小豆第四十六周成长周记：我被剃成了光头

土小豆第四十六周周记

请允许我愉快地宣布，我已经十一个多月了。

在这十一个多月里，我的身高体重均有明显的增加，行动力也有了长足的进步。在我心情好的时候，我会快乐地笑出声，会蹒跚着走几步，会跟着音乐蹦蹦跳跳，还会叫几声爸爸妈妈逗他们开心。在洋大芋土大豆和奶奶外婆的精心呵护下，每个月的儿童保健检查，我都是医生阿姨的重点表扬对象，是茁壮成长的典范，是科学喂养健康成长的正向标杆。

唯一不足的就是我的头发依旧又黄又少，虽然也比之前长长了不少，但依然少得可怜。洋大芋和土大豆经常叫我“一戳毛”，多难听的名字啊，可这就是我的真实写照。

每天洋大芋帮我把尿的时候，轻轻一动。我的头发“嗖”地就立了起来；抱着我散步的时候，哪怕只是轻轻抬了下胳膊，我的头发也“嗖”地就立了起来；如果一不小心碰掉了我的帽子，那恭喜你，会看到一个头发完全竖起来的我。

只是全家都没把这个问题当成问题，更何况有洋大芋这个前车之鉴，

大概在他们眼里，这么一点小小的瑕疵完全不足以掩盖我作为小区明星宝宝的耀眼光芒。

昨天，洋大芋跟土大豆商量，决定把我剃成小光头，反正我也没几根头发。得到土大豆的支持之后，两个人雄赳赳气昂昂地把我抱去了理发店。

我被洋大芋抱着坐在椅子上，一个拿着剪刀的阿姨逗了我一会，便动作麻利地开始在我头上摆弄起来。不一会，我看见镜子里我的脑袋上一根头发都没有了，像楼梯间的电灯泡一样还泛着光。我呆呆地看着镜子里陌生的自己，咧开嘴就哭了起来。

哇，我没有头发了！

我的哭声没有引起大家的紧张，反而逗得一屋子的人哈哈大笑。我眼含着泪水，再一次直着身子看了一眼镜子里的自己，扭头继续哭了起来。

就这样，一脸坏笑的洋大芋抱着哭得稀里哗啦的我走回了小区。一路上，我的电灯泡造型非常引人关注，还有几个正在散步的阿姨跑过来摸了摸我的小光头，全然不顾及人家忧伤的心情。

终于回到了家。打开门的土大豆照着我的小光头就亲了两口，看样子，土大豆还比较认可我的新发型。我一脸颓丧地被洋大芋抱在怀里，任他们怎样逗我开心，依然一脸不开心。这时，我看见墙上挂着的我半岁时的照片，头顶的那么几根头发此时此刻也显得郁郁葱葱。

哇，我又开始号啕大哭。

人家讨厌电灯泡。

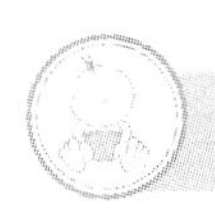

本周宝宝成长对比表

生理发展情况： 1. 大人牵着宝宝的一只小手就能行走 2. 很容易地弯腰到地板	心智发展情况： 1. 能简单说出几个字 2. 听到指示后会做出反应
感官与反射： 能够拿开容器上的盖子	社会发展情况： 能够自由摆弄玩具

本周应注意的小细节

1. 妈妈根据宝宝的配合情况，对宝宝进行大小便训练。

2. 宝宝在户外活动时，家长要注意户外旅游的安全预防措施。

3. 再给宝宝挑选玩具时，要考虑各种因素，给宝宝的玩具要经过消毒，增加安全性。

本周焦点关注：宝宝排便训练

妈妈在摸清宝宝排便规律后，不仅能给宝宝顺利把尿，还可以让宝宝养成一个良好的排便习惯。如果宝宝不配合，妈妈也不要因为宝宝不适当的排便而发脾气，应该有耐心，这样才不会增加宝宝的心理压力。宝宝在2周岁以后就会告诉大人自己要排便了，妈妈要有耐心哦！

本周推荐小游戏

其实妈妈在给宝宝穿衣服时也是在做游戏哦，妈妈给宝宝穿衣服时可以边给宝宝穿边要求宝宝把手和脚伸出来，当宝宝和妈妈配合得很好时，妈妈要给宝宝一个爱的鼓励。这样有助于帮助宝宝学习自理能力和语言能力。

本周推荐食谱

宝宝食谱：肉末烩圆白菜

材料： 猪肉30g，圆白菜30g，植物油、高汤、盐各少许。

做法：

1. 圆白菜洗净撕成碎片，猪肉剁成肉末备用。

2. 锅内放油，加入肉末翻炒后再加入圆白菜，略炒。

3. 加入高汤，盖锅焖煮 3 分钟，加盐调味即可。

营养指导：圆白菜中富含维生素 C，多吃圆白菜，能提高孩子的免疫力，预防感冒，增进食欲，促进消化，预防便秘等。

土小豆第四十七周成长周记：我也想去 KTV 唱歌呢

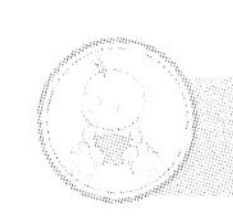

土小豆第四十七周周记

拜洋大芋所赐，从出生到现在，一直坚持每天用音乐陶冶我的情操，从不中断。在长期的音乐熏陶下，我养成了喜欢听音乐的好习惯。随着时间的慢慢推移，慢慢长大的我还逐渐学会了和喜欢唱歌的洋大芋一起合唱。

别误会，我可不是自吹自擂或自诩为天才，这么小就会唱歌，我所说的合唱只是用我独有的方式和洋大芋一起唱歌。洋大芋喜欢唱流行歌曲，一有空闲的时间，洋大芋就喜欢抱着我坐在她的大腿上，她伸出双手环着我，我们娘俩面对着面。随着音乐慢慢响起，洋大芋清清嗓子，就开始唱了，而我也开始很专注地跟她一起合唱。

以她最喜欢唱的《月亮代表我的心》为例，给大家做个示范。

洋大芋唱："你问我爱你有多深，我爱你有几分"，她唱最后一个字的时候我就拖长了声音"咿"，她唱："月亮代表我的心"她最后一个字的时候我就拖长了声音"啊"。经过无数次的练习，我的和声已经能够和她保持高度的一致。等一首歌完整唱完，我就随机以"咿咿呀呀""啊啊哟哟""呜呜啦啦"来结尾。等我唱完，洋大芋和土大豆立马鼓掌以示表扬，对此我以微笑表示我会戒骄戒躁、继续努力。

因为已经养成了独自睡觉的习惯，每天晚上当洋大芋把我放在床上的时候，我还会自哼一曲。当然在现阶段暂时是没有歌词的，所有歌词均用“呃呃呃”和“啊啊啊”来代替。

而在平时，洋大芋和土大豆已经不再像我很小的时候，会因为怕铃声吵到我而把手机开成静音，因此每次只要听到他们的手机铃声，我就可以凭借音乐的不同来区分到底是谁的手机在响，并在他们没有听到的情况下准确地给予他们提示，提示的方法是拿起正在唱歌的手机使劲地摇。当然，因为力气还不太大，屡次发生摇着摇着手机就被我扔在地上的情况。

总而言之，在我们家里，只要洋大芋在家，就会充斥着各式各样的音乐，以及我与她的合唱；如果洋大芋不在家，音乐依然会响起，只不过合唱就变成了我的独唱。

洋大芋说过，等我长大了，要带我去 KTV 里面唱歌。虽然不知道什么是 KTV，但是看洋大芋憧憬的样子，我还是笑得咯咯咯的。

好吧，就这么说定了，洋大芋你可要说话算话哦！

本周宝宝成长对比表

生理发展情况： 1. 会爬上爬下 2. 会从蹲的姿势换成站立的姿势	心智发展情况： 能寻找隐蔽的物品
感官与反射： 能正确地使用玩具	社会发展情况： 自己可以脱衣服

本周应注意的小细节

1. 多多鼓励宝宝自己做完一件事。
2. 避免在冬季和夏季给宝宝断奶。

3. 在学步过程中宝宝摔倒时，应让他自己爬起来，让他自己克服困难。

本周焦点关注：宝宝学步

宝宝开始学着走路了，在宝宝学习走路的过程中，可以让宝宝扶着家里某处的小栏杆练习走，妈妈拿着玩具逗引宝宝，鼓励宝宝向前迈步。也可以找一个比较坚固的纸箱，让宝宝推着往前走。

本周推荐小游戏

本周妈妈为宝宝准备一些无毒的颜料让宝宝自己作画，在玩耍中让宝宝感受作画的快乐，满足宝宝的好奇心。

本周推荐食谱

宝宝食谱：珍珠玉米小圆子

材料：嫩玉米100g，珍珠小圆子1袋，猕猴桃半块，白糖少许。

做法：

1. 锅内放水，下入珍珠小圆子；另取一锅将玉米煮熟过水；猕猴桃去皮，切小块。

2. 将煮熟的小圆子和玉米沥干水后，与猕猴桃块加白糖拌均匀即可。

营养指导：玉米、猕猴桃以及糯米圆子内的营养很丰富，宝宝在享受其中乐趣的同时，又会吸收到营养。

土小豆第四十八周成长周记：快要过生日喽

土小豆第四十八周周记

快过一岁生日了，洋大芋和土大豆没事就商量着要送我什么作为我的第一份生日礼物。结果在发现我又有新花样之后，礼物就提前送到了我的面前。

洋大芋送我的是一双新鞋子。从外观上来说，新鞋子和以往的鞋子没有太大的区别，但是穿上之后我发现这个鞋子会说话，只要我一走路，它就吱嘎吱嘎地叫个不停。刚开始穿上它走路的时候，只听见吱嘎两声，吓了我一跳，到处找声音是从哪里发出来的，最后还是洋大芋告诉我，原来我穿了一双会说话的鞋。这可把我高兴坏了，于是我就一直不停地在客厅里走来走去，它也跟着我一直吱嘎吱嘎地叫，我回头对着洋大芋粲然一笑，这个礼物可让我喜欢了。

可是，没高兴多久我就发现，不管我走到哪里，洋大芋和土大豆都能随时找到我，这可太让我苦恼了，因为我刚学会了和他们躲猫猫。

原来，因为已经学会了走路，我没事就在家里到处乱走，有时候洋大芋和土大豆稍不注意，他们就得满屋子到处找我。每次我就自己走到一个地方，然后不出声，就算听到他们叫我我也不说话，等他们慢慢找。时间一长，我发现能躲的地方越来越多，这不，昨天才被土大豆从写字台下面找出来。

洋大芋和土大豆虽然很欣喜地发现我在用这样的方式探索世界，但是

不能完全掌控我的行踪也不免比较担心。于是他们决定用一个东西让他们随时能够发现我在哪里，那怎么办呢？又不能给我绑定GPS，又不能在我身上挂满铃铛，于是，洋大芋灵光一现就给我买了这样一双鞋。于是，只要给我穿上这双鞋，我走一路它就叫一路，他们就能根据声音找到我。

原来，新鞋子是小奸细，它随时随地都在跟洋大芋和土大豆汇报我的具体位置。

这下好了，虽然有新鞋子穿，可是再也不能玩躲猫猫了。可是，我还那么小，我怎么知道真相原来就是这样的，我依旧每天乐此不疲地寻找地方把自己藏起来，而洋大芋和土大豆总是能在最短的时间内出现在我面前，就在刚才，我躲在窗帘后面都被土大豆给拎了出来。

尽管如此，可是我依然很喜欢洋大芋和土大豆为我准备的礼物，因为，我一走路它就在跟我说话呢！

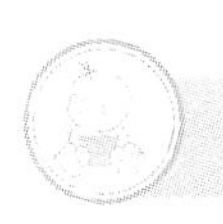

本周宝宝成长对比表

生理发展情况： 出现站和走结合的动作 可以自由爬行	心智发展情况： 能听懂大部分的语言
社会发展情况： 1. 每天只睡一次午觉 2. 会亲吻喜欢的物品	感官与反射： 拿不下的东西，宝宝会放在嘴里和腋下

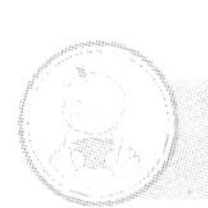

本周应注意的小细节

1. 对于宝宝一些打人、咬人等不好的行为，妈妈应保持冷静哦，不要凶宝宝。

2. 父母应多提供宝宝与其他小伙伴玩耍的机会

3. 当宝宝出现4颗门牙时，应用牙膏进行清洁。

本周焦点关注：宝宝厌食挑食

当宝宝出现厌食、挑食时，应及时调整。妈妈的一些饮食习惯会影响到宝宝对食物的喜好，宝宝不宜多吃零食，否则会厌食。家长应该特别注意自己对宝宝的喂养方式，不可强制喂宝宝某种食物，否则会适得其反。

本周推荐小游戏

本周大人可以和宝宝一起玩“追影子”的游戏。只要有光线，就可以看见自己的影子，不论是室外，或者室内在灯光或阳光的照射下，宝宝会跟随光线的步伐去抓影子，这个时刻，大人可配合宝宝玩。此游戏有助于提高宝宝的视觉追踪能力，并增强宝宝的好奇心。

本周推荐食谱

宝宝食谱：牛奶炖西兰花

材料：西兰花10g，牛奶2大匙，盐适量。

做法：

1. 西兰花洗净，沥干水分备用。
2. 锅中倒入1碗清水煮开，加入西兰花煮至熟软，捞起，切碎。
3. 另起一锅，倒入牛奶煮滚，再加入西兰花煮开，放盐调味即可。

营养指导：西兰花富含维生素C，所含维生素种类非常齐全，营养价值高于一般蔬菜。

土小豆后记

哈哈，我已经满周岁了。今天洋大芋给我穿上了新衣服，爷爷奶奶外公外婆等亲朋好友都来到了家里，土大豆还给我准备了一个大馍馍，上面插了一根蜡烛。

洋大芋说，要让我给大家笑一个以示感谢。嗯嗯嗯，好的！感谢CCTV！感谢MTV！感谢Channel［V］！尤其感谢洋大芋为我精心打扮了一上午、废寝忘食甚至忘记给我换尿布！更感谢爷爷奶奶、外公外婆今天不逛街、不遛狗、不去公园打太极、专程赶来参加我的周岁生日礼！还要感谢土大豆，一上午都在为我准备抓周的物品！再次对各位致以真挚的谢意！土小豆我，今天就给大家笑一个！

笑完之后，洋大芋抱着我来到抓周的大餐桌上，据奶奶介绍，抓周这种习俗在民间流传已久，它是小孩周岁时举行的一种预测前途和性情的仪式，是第一个生日纪念日的庆祝方式。其核心是对生命延续、顺利和兴旺的祝愿，反映了父母对子女的舐犊情深，具有家庭游戏性质，是一种具有人伦味、以育儿为追求的信仰风俗，也在客观上检验了母亲是如何带领着宝宝进行启蒙教育的。一般来说，会摆放一些有象征意义的物品在宝宝面前，由宝宝自己进行选择。

为了顺应时代的潮流、符合当代社会现状，土大豆在参考了无数网络资料之后，给我摆出了以下物品：书，代表知识；硬币，代表金钱；洋大芋和土大豆的结婚戒指，代表爱情；印章，代表权势。

四样东西，简单明了地摆成一排，然后由洋大芋将我抱在桌上，让我去选择，爷爷奶奶外公外婆以及洋大芋和土大豆均屏住呼吸在旁边围观。

只见我娴熟地爬了过去，左看看右看看，再左看看右看看，最后将手伸了出去——就在我伸出手的瞬间，我仿佛听到了所有人的心跳声。

最终的结果出乎所有人的预料，因为我伸手越过这四样东西，抓住了土大豆放在后面的鼠标。

我完全无视所有人的惊愕，抱着鼠标自顾自地玩儿了起来。

这时，我听见洋大芋小声地问土大豆："他爸，土小豆以后不会是去网吧当个网管，或者在电脑城卖鼠标吧?"

全家晕倒。

哼，我土小豆只能做网管吗？洋大芋，你怎么搞的，土小豆是下一个比尔·盖茨好不好?!

终于，许愿的时刻到了，对着蜡烛，我闭上了迷人的双眼……

周记写到这里该跟大家说声拜拜了，一本书就这样在我这个主编的率领下完成了。感谢所有读者一直陪伴土小豆读到这里，感谢机械工业出版社将土小豆作品呈现于世，感谢瑞典文学院将诺贝尔文学奖颁给我的偶像莫言……

"祝你生日快乐，祝你生日快乐……"曼妙的音乐声中，我睁开了双眼，吃蛋糕喽!